『ウランの化学 (II) －方法と実践－』正誤表

箇所	誤	正
口絵 3-1、キャプション	p159	p157
口絵 3-2、キャプション	p199	p197
口絵 4-1、キャプション	P204	P202
口絵 4-2、キャプション	P206	P204
P12、表 1.5	項目「排気系吸着方式」以下の行	項目「排気系吸着方式」以下の行を一行ずつ下げ、「真空排気」の行を削除
P56、最下行	(4-4)式	(5-4)式
P62、下 4 行目	[10,11]	[11,12]
P64、1 行目	[12]	[13]
P65、文献[6]	UO2	UO_2
P66、文献番号	[10][11][12]	[11][12][13]
P151、図 11.5	粉末状 UO2 顆粒状 UO2	粉末状 UCl_4 顆粒状 UCl_4
P151、下 5 行目	UO_4	UO_2
P168、下 6 行目	$UCl4$	UCl_4

ウランの化学 (II)
－方法と実践－

佐藤修彰・桐島　陽・渡邉雅之
佐々木隆之・上原章寛・武田志乃　著

東北大学出版会

The Chemistry of Uranium (II)
Method and Practice

Nobuaki Sato, Akira Kirishima, Masayuki Watanabe
Takayuki Sasaki, Akihiro Uehara, Shino Takeda

Tohoku University Press, Sendai
ISBN978-4-86163-356-0

口絵1

(1) 酸化物

UO_2	U_3O_8	UO_3	UO_4

(2) 四ハロゲン化物

UF_4	UCl_4	UBr_4	UI_4

(3) オキシハロゲン化物 （4）ウラニル塩

UO_2F_2	UO_2Cl_2	硝酸ウラニル	酢酸ウラニル

(5) 水溶液 （6）溶融塩 （LiCl-KCl）

U(IV)	U(VI)	U(IV)	U(VI)

(7) ウランガラス

合成品 （還元雰囲気）	合成品 （酸化雰囲気）	市販品 （ワイングラス）	市販品 （ビーズ）

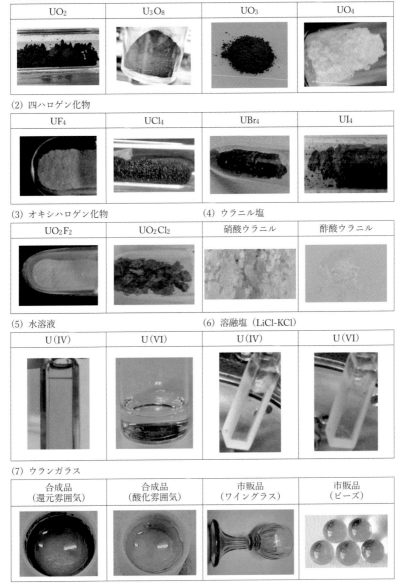

口絵1　ウラン化合物および溶液の色
（表3.14, p35、表7.3, p85 参照）

口絵 2

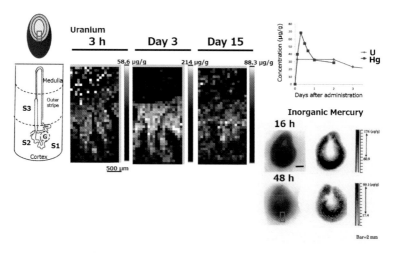

口絵 2-1　腎臓内ウラン分布（図 10.3，p135 参照）

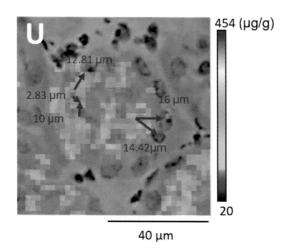

口絵 2-2　近位尿細管におけるウラン分布（図 10.4，p136 参照）

口絵 3

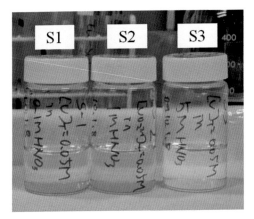

口絵 3-1　硝酸濃度の異なるウラニル試料溶液（図 12.2, p159 参照）

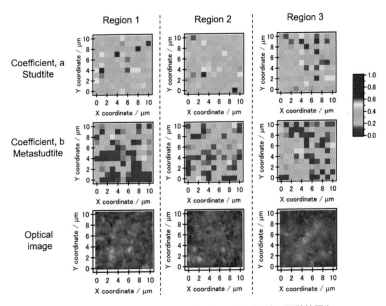

口絵 3-2　過酸化水素水に浸漬した U_3O_8 試料の顕微鏡図と
式（16.1）の係数を利用した 2 次元プロット（図 16.7, p199 参照）

口絵 4

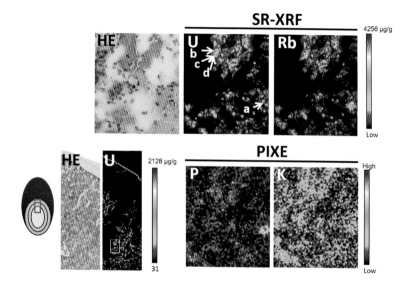

口絵 4-1 　腎臓尿細管ウラン濃集部（図 17.3，p204 参照）

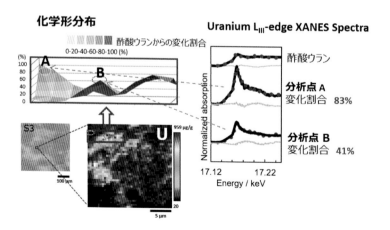

口絵 4-2 　腎臓尿細管ウラン濃集部の二次元 XAFS 測定例（図 17.5，p206 参照）

序　文

　ウランの核分裂反応によるエネルギーは，化学反応によるエネルギーより100万倍大きく，軍事的には核兵器として，民生用としては蒸気タービン用熱源とする原子力発電として半世紀にわたって利用されてきた。この間，原子力開発と相まって，主要大学には原子力工学関係の学科や専攻が新設され，研究者や技術者といった人材育成が図られてきた。

　しかし，国外ではスリーマイルアイランド原発事故（1979）やチェルノブイリ原発事故（1986），国内ではJCO臨界事故や東電福島第一原子力発電所事故（2011）のように，原子力施設における過酷事故では，放射能により人体への放射線障害や，オフサイトへの広範囲な放射能汚染を引き起こし，除染や環境再生が，さらには地域活性を含めた復興が課題となっている。一方，発電所のあるオンサイトでは，周辺の汚染物除去が進み，汚染水処理とともに，燃料デブリの取り出し，処理が課題である。

　これらの課題は次世代にわたって対応していかなければならないもので，人材育成や研究開発の継続が必要不可欠である。しかしながら，大学等における原子力分野の縮小やエネルギー・環境関連分野への改組，核燃料・RI研究施設の減少とともに，教員および学生の基礎知識や研究・実験能力の低下といった，今後の原子力分野の対応において深刻な課題を抱えている。

　このような状況に対しては，原子力化学や放射化学分野における座学とともに実験研究が重要である。そのために，核燃料であるウランの基礎化学やプロセス化学に関する学習が必須であると考え，「ウランの化学（I）－基礎と応用－」（佐藤修彰，桐島　陽，渡邉雅之著，東北大出版会，(2020.6.21発行）を出版した。基礎編では，ウランの性質や各元素との化合物について述べ，応用編では，核燃料サイクルの各工程や，ウランガラスについて扱った。しかしながら，研究者や学生が実際にウランを用いた実験や研究を行うにはウランや放射性物質の取扱に係る詳細なノウハウと実例が不可欠であることを認識した。

現状では，ウランについての市販の試薬はほとんどなく，また，出発物質としても金属，酸化物，一部の塩に限定される。著者らは長年，種々のウラン化合物を合成し，自らの研究に使用するとともに，測定等で必要とする関係研究機関へ送付して共同研究を展開するとともに，溶液反応や高温反応，特殊ガスを用いた反応等に関する知見や実験ノウハウを蓄積してきた。

　そこで，本書では実際に実験する場合に必要な事項についてまとめることとし，ウランの化学（II）の出版を企画した次第である。本書は方法編と実践編からなり，方法編では実験施設や設備，種々の実験方法を，実践編では溶液および固体化学の実験やウランおよび RI を用いた実験等についても触れた。放射光実験や実照射実験など，実験の内容によっては，試料調製から測定，解析まで，複数の研究者が分担して行うことがあり，そのため，本書では当該部分を専門の研究者と執筆を分担した。また，ウランの人体への影響，放射性物質の取扱や汚染，除染についても基礎的な内容を盛り込んだ。本書が既刊「ウラン化学（I）－基礎と応用－」と合わせて，原子力分野に係る研究者，技術者，学生諸君のお役にたつとともに，被災地からの発信として復興に貢献できれば幸いである。最後に，本著の出版にあたりご協力いただいた，東北大学原子炉廃止措置基盤研究センター　渡邉　豊先生，青木孝行先生，津田智佳氏，同大学多元物質科学研究所　秋山大輔博士，日本原子力研究開発機構　永井崇之博士，日下良二博士，熊谷友多博士，東北大学出版会　小林直之氏に謝意を表する。

令和 2 年 10 月

佐藤修彰，桐島　陽，渡邉雅之，

佐々木隆之，上原章寛，武田志乃

目　次

目 次

目　次

執筆分担リスト

第 1 章　　　佐藤　修彰
第 2 章　　　佐藤　修彰
第 3 章　　　佐藤　修彰
第 4 章　　　佐々木隆之，佐藤　修彰
第 5 章　　　佐藤　修彰
第 6 章　　　佐藤　修彰
第 7 章　　　佐藤　修彰
第 8 章　　　佐藤　修彰
第 9 章　　　佐藤　修彰
第 10 章　　武田　志乃
第 11 章　　佐藤　修彰，渡邉　雅之
第 12 章　　桐島　　陽
第 13 章　　上原　章寛
第 14 章　　上原　章寛
第 15 章　　佐々木隆之
第 16 章　　渡邉　雅之
第 17 章　　武田　志乃

第1部
方 法 編

第1章　施設と設備

1.1　施設と法規制

核燃料物質の取扱に係る特殊事情については，半世紀以上前の三島良積の著書「核燃料工学」[1] に，①火災，③臨界管理，③放射線管理，④包蔵性（密閉性）管理，⑤計量管理が挙げられている。現在では，これらに加えて，⑥廃棄物管理，⑦防護対策を考慮する必要がある。ウラン等核燃料を使用する実験を行うためには，関係法令を遵守した特定の施設，実験設備が必要である。特に 2011 年の東京電力福島第一原子力発電所事故以降に発足した原子力規制委員会による法規制では，規制要求はより厳しくなってきており，施設老朽化対応や管理体制の品質管理，防護体制の強化が求められている。

核燃料物質および核原料物質の使用に対する規制の条件をまとめると表 1.1 のようになる [2]。核燃料物質では，U 300g 超および Th 900 g 超では許可が必要であるが（J 施設），以下では国際規制物資の使用の届出が必要となる（K 施設）。両者が混在する場合には，Th 重量＋3U 重量が 900g を以下であれば，許可ではなく，届出となる。また，核原料物質に対しては重量および放射能濃度規制があり，重量が 900 g および放射能濃度が非固体で 74 Bq/g，固体で 370 Bq/g を超えない場合には規制対象外となる。このことはウランの化学（I）第 15 章の原材料や製品に対する規制の判断基準となる。

さらに施行令第 41 条では施設検査等を要する施設を表 1.2 のように定義している [3]。大学が保有する 41 条該当施設は，京都大学複合原子力科学研究所のみで，ここでは，使用済核燃料を含めて種々の核燃料物質について大容量に扱うことができる利点がある。一方で，施設維持のための検査等規制も厳しく，大学等で施設を維持管理していくことは難しく，全国的な共同利用研究機関に限定されることになる。一方，大学における 41 条非該当施設は 40 箇所程度あるものの，核燃料物質の全国的な調査により湧き出した核燃料について，J あるいは K 施設として保管している箇所

表 1.1　核燃料物質及び核原料物質における規制の条件

核燃料物質	天然及び劣化 U 及びその化合物		300 g 以下	届出必要（国際規制物資）
			300 g 超	許可必要
	Th 及びその化合物		900 g 以下	届出必要（国際規制物資）
			900 g 超	許可必要
核原料物質	(1) 重量 Th 量（g）＋ 3 × U 量が 900g 超 (2) 放射能濃度　　非固体状：74 Bq/g 超　　固体状：370 Bq/g 超		(1) および (2) を越える場合	届出必要
			上記以外	規制対象外

表 1.2　核燃料等の使用の形態と規制の状況 [3]

核燃料物質区分		規制外	令第 41 条	
			非該当	該当
トリウム Th		≦ 900 g	900 g <	×
劣化ウラン DU		≦ 300 g	300 g <	×
天然ウラン NU				
濃縮ウラン EU	濃縮度 5 % 未満	×	< 1,200 g	1,200 g ≦
	濃縮度 5 % 以上	×	< 700 g	700 g ≦
^{233}U		×	< 500 g	500 g ≦
プルトニウム	密　封	×	< 450 g	450 g ≦
	非密封	×	< 1 g	1 g ≦
使用済核燃料		---	< 3.7 TBq	3.7 TBq ≦

が多く，実際に核燃料物質を使用する実験を行っている施設は限られている。K 施設は 1000 箇所程度である [4]。

　実際に合成や核反応，測定等を行う実験施設としては，原子炉，加速器（放射光）および大学等における核燃料物質使用施設がある。表 1.3 には対応する実験施設の特徴を比較した。原子炉施設では，中性子源があり，ウラン原子核の分裂や重合反応を行わせ，核分離生成物（FP），マイナーアクチノイド（MA）等核種を試料内部に生成させて挙動を調べるこ

表 1.3　原子炉，加速器，核燃使用施設の特徴

項目	原子炉	加速器（放射光）	使用施設
使用物質	天然 U, 濃縮 U, 劣化 U, Pu, Th, ^{233}U	天然 U, 劣化 U, Th	天然 U, 劣化 U, Th
放射線	中性子, α, β, γ	中性子, α, β, γ	α, β, γ
使用施設	J	J, K	J, K
使用頻度	少	中	多
実験内容	核反応, 放射化分析	核反応, RI 製造	化学反応, 分離・精製

とができる。加速器（放射光）施設では，高エネルギーのX線や電子線を試料に照射し，二次放射線を解析して，反応や構造等を調べる。施設により，J施設や，K施設として管理状況が異なり，核燃の使用状況も変わる。使用施設は，大学や研究機関に設置されている施設であり，非密封の核燃料物質を使用した物理実験や化学実験を行うことができる。原子炉や放射光施設では，非密封での作業は深刻な汚染を起こす可能性があり，制限されることが多い。これに対し，大学等における使用施設は小規模な実験に適しており，種々の実験に対応できる。

1.2　核燃料物質および RI 使用施設

(1) 核燃料物質使用施設 [5-12]

大学等における核燃料物質使用施設は原子炉等規制法の許可を必要とするJ施設と一定量以下の特定の核燃料物質（国際規制物資）を届出て使用するK施設とに分けられる。それぞれの特徴を表1.4に示す。

K施設は，天然 / 劣化ウラン300 g以下，トリウム900 g以下の使用施設であり，管理区域の設定は必要なく，核燃料物質による災害を防止する，という点では特に注意を要しないで取扱うことができることから，細胞の顕微鏡観察の前処理，分析の標準試料等のため多くの事業者が許可を取得している。一方でK施設は排気・排水設備が不要であり，さらに以前は届出だけで設置でき，廃止が可能で，計量管理も年に2回のみで良かった

表 1.4　核燃料物質使用施設の区分と特徴

項目	J 施設	K 施設
対象物質	核燃料物質	国際規制物資
対象核種	天然 U, 濃縮 U, 劣化 U, Pu, Th, ^{233}U	天然 U, 劣化 U $\leqq$ 300 g Th $\leqq$ 900 g
許可・届出	許可	届出
計量管理規程	必要	必要

　ため，施設によってはその取扱に問題のあった場合や廃棄物の紛失，特に未登録核燃料物質の発生の原因にもなっていた。しかしながら取り扱いの容易な K 施設は，後述する J 施設からの変更も含めて残すと同時に，その許可量の見直しや処分方法の記載の徹底など，取扱方法において大きな制約を設ける必要がある。あわせて，教育や管理は J 施設等を含む機関全体で行うことが望ましく，単独ではなく J 施設等のサテライトとして運営されるような在り方が望ましい。また，そのようなシステムを持てない機関に対しては，例えば地域ごとに 1 箇所程度，K 施設の共同利用施設を設け，外部からの利用者に対しても使い勝手の良い施設にするとともに，何らかの機関がしっかり管理することが望まれる。このようなシステムは，全国の核燃料物質の廃棄物の管理および試料の管理・配布についても行われるべきである。

　図 1.1 には使用施設の管理区域と周辺監視区域の概念図を示す。まず，管理区域は放射性物質の放出を抑制するために，特に汚染の恐れのある場合等は内部を負圧にすることが必要である。このため，除塵フィルターを介して内部へ給気し，また，HEPA フィルター等の高性能フィルターを介して排気し，管理区域内を負圧管理している。また，排気および排水モニターにより放射性物質の漏えいをチェックする。作業者や設備等は，汚染検査室を介して，入退室する。管理区域は実際に核燃料物質を取り扱う使用施設や核燃料物質を保管する貯蔵施設（貯蔵庫等），放射性廃棄物を保管する廃棄施設（廃棄室等）からなる。核燃および RI 使用施設では

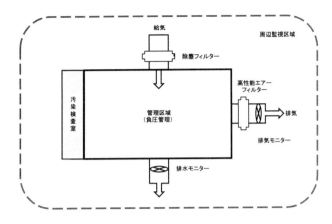

図1.1　使用施設の管理区域と周辺監視区域の概念図

同等の管理方式であるが，核燃料の許可使用施設（J施設）では管理区域の外部に周辺監視区域を設け，柵または標識により人の立入制限を行うなど防護対策を実施する。

　図1.2には使用施設の例を示す。複数の実験室の他，放射性物質の貯蔵施設や，放射性廃棄物の廃棄・排水設備，管理区域内を負圧にする排気設備，排気系配管は汚染の恐れがある。管理区域内の温度調節等空気調節を兼ねた給気システムを設け，給気能力と排気能力のバランスにより，管理区域内の負圧管理を行っている。放射線作業に際して，まず，放射線管理室から入退室手続きして出入りする。汚染検査室にて，衣類や靴等の履き替えを行い，管理区域に入る。作業後，汚染検査室にて，使用核種および作業に応じて，α，β，γ汚染検査を行い，汚染がないことを確認して退出する。

　核燃料物質の使用許可を受けているJ施設であるものの，実態としては少量しか使用していない，あるいは保管管理のみ行う施設も存在する。実態に合った核物質の使用や管理がされてない場合，少量であることによる使用の簡便さと，J施設に求められる管理の厳密さとの間に大きな乖離が

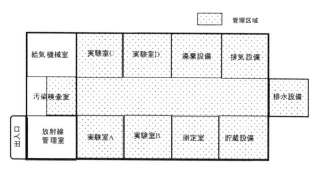

図1.2　使用施設の例

あるため，不適切な作業者の被ばく管理や公衆の被ばく線量管理が行われる元になる懸念がある。無用な被ばくや事故を防止するためには，施設の実態にあった安全管理方法や使用者の教育が不可欠であることから，K施設相当の少量使用J施設においては，核燃料物質や保管廃棄物をJ施設等へ払い出し，適切な管理区域解除を行うことにより，K施設への変更を図る方策もある。このようにして，J施設・K施設の整理や統廃合を進めることにより，核燃料物質の安全管理，防護体制の最適化を図ることが望まれる。

　大学における核燃施設のほとんどは施設検査を要しない政令第41条非該当の使用施設であり，適用される新規制基準は，閉じ込めの機能，遮蔽，火災等による損傷の防止，不法な侵入の防止，自然現象による影響の考慮，貯蔵施設，廃棄施設，汚染を検査するための設備についてである。これまでの技術基準と異なり，新規制基準ではバックフィットを求めているので，常に新知見を意識した新規制基準への適合性について注意が必要である。

　なお，政令第41条非該当使用者に対する法改正が令和2年9月に施行され規制検査として運用が開始され，保安のための業務に係る品質管理の体制整備の許可が必要となり，体制整備について当該事項の届出を要することとなる。

(2) RI 使用施設 [13,14]

　RI 使用施設は，α 核種を取り扱うことが出来る施設と β，γ 核種のみを取り扱う施設とに大分される。その大きな違いは廃棄物の問題にある。使用の終わった β，γ 核種およびその汚染廃棄物は，日本アイソトープ協会（以下，RI 協会）に廃棄委託することが出来る。

　もう一つ大きな課題となるのが RI 施設と核燃施設の共用である。両者の利用は異なる法により規制されている。程度の差こそあるものの，いずれの施設も管理区域等の安全・防護に係る規制が必要であり，核燃ではさらに保障措置への対応が不可欠となる。β，γ 廃棄物は RI 協会による引取が可能であるが，α 廃棄物は施設に保管し，核燃料物質使用施設で発生した廃棄物と同様な対応となる（2.3 節参照）。原子力分野の研究開発では，核燃および RI 両者が使用可能な施設が不可欠である。とりわけ，福島第一原子力発電所事故で発生した燃料デブリ等の対応や研究においては，両者が使用できることが必須条件となる。異なる法により規制されていることで RI と核燃を共用することが難しくなってきているが，拠点形成などの方策も含めて，検討していく必要がある。現在，共用が可能な施設については，今後も存続が望まれる。また，K 施設相当の少量しか使用しない RI 共用の J 施設の場合，核燃料物質や保管廃棄物を他の J 施設等へ払い出すとともに，廃止措置の対象とはせず，K 施設へ移行することが有効な対策の一つである。

1.3　取扱設備 [15,16]

　貯蔵庫から取り出したのちは，使用許可を得た所定の実験室にて作業を行う。核燃料物質を取り扱う作業では，種々の設備を使用する。秤量や測定等の作業を行う実験台や，溶液の減容等排ガス対策を伴う作業を行うドラフトチャンバー（フード），吸湿性化合物などを扱える GB 等がある。また，外部とのやりとりに使用する保管容器，器具等が必要である。図 1.3 には実験台の例を示す。(a) は通常の実験台で，小型装置等を設置する。その際，汚染の恐れがある場合には，ポリエチレン等の保護シート

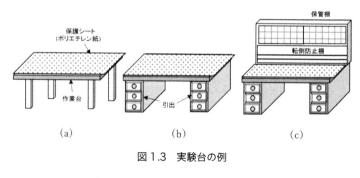

図1.3 実験台の例

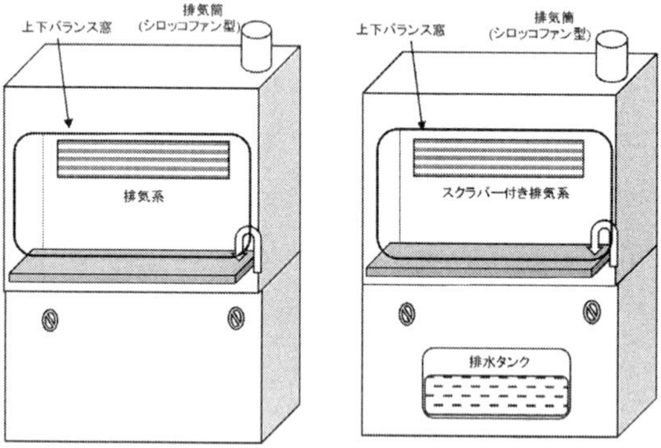

上下バランス窓 排気筒（シロッコファン型）

排気系

(a)

上下バランス窓 排気筒（シロッコファン型）

スクラバー付き排気系

排水タンク

(b)

図1.4 ドラフトチャンバーの例

を敷いておく。(b) は実験台下の両側に器具や試料を保管するための引出がついたものである。(c) の実験台は，さらに薬品瓶やビーカー等を保管できる棚を設け，スライド扉や，柵など転倒，転落防止策を講じてある。(c) のタイプで，保管棚の両側に実験台を配置したものもある。

　次に，図1.4には，ドラフトチャンバーの例を示す。(a) は排気系のみのドラフトチャンバーである。作業中の排ガスや，ウランの微粉は排気系から排気筒を通じて，施設の排気系へ排出される。この際，排気筒には，施設の排気能力に影響を及ぼさないように，シロッコファン型が望まし

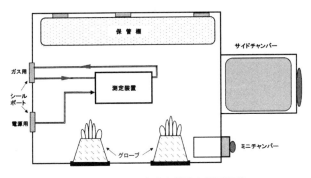

図1.5　GBの一般的な構造と附属設備

い。(b) はスクラバーを設置して，排ガス中の毒性ガスや，粉体状ウラン化合物を捕集し，排ガス中への核燃料物質の汚染を低減する。ただ，排水タンクはウランを含んでいる可能性があるので，排水中のウラン濃度をチェックし，ウラン廃棄物として保管するか，排水する。

　グローブボックス（以下，GB）は，特定の雰囲気内での作業を行うとともに，放射性物質を内部に閉じ込めることができる設備である。図1.5には，上部より見たGBの一般的な構造と附属設備を示す。まず，GBは，作業を行う本体および試料等を搬入するサイドチャンバーからなる。サイドチャンバーは真空排気—ガス置換を行うため，耐真空仕様である。本体内部の雰囲気を保つために，サイドボックスからの搬入に際しては，真空排気—ガス置換を複数回くり返す。それなりの容積の置換作業には30分から1時間かかるので，試薬瓶やピンセット等小物を短時間に搬入できるよう，ミニチャンバーを備えているタイプは使い勝手がよい。本体内部には作業用のグローブがある。背面の保管台は，器具や試薬を保管し，作業スペースを確保するのに効果的である。GB内に測定装置等がある場合には，電源やガスラインをシールポートを介して導入する。排気・ガス置換種々のタイプについて6.2に詳述しているので，参照されたい。

　表1.5には，非密封の核燃料物質を使用する場合の，上記実験台，ドラ

表 1.5　非密封の核燃料物質を使用する設備の特徴

項　目	実験台	フード	GB
雰囲気	空気	空気	不活性ガス
雰囲気制御	無	無	高（$O_2 < 0.1$, $H_2O < 0.1\,ppm$）
換気方式	無	強制排気	ガス給気と
排気系吸着方式	真空排気		
使用グローブ	無	スクラバー	HEPA
作業性	厚手／薄手	厚手／薄手	厚手
密閉性	高	高	低
被ばく防止	無	無	有（高）
汚染防止	低	中	高
	低	中	高

フトチャンバー，GB の特徴を比較した。GB 内は不活性ガス雰囲気のため，乾燥しており，静電気による粉末試料の飛散対策として，GB 内に予め除電器等を設置する。また，GB 外においても，秤量等非密封で取り扱う場合も同様である。フード内の作業では，排気能力や排水等作業時の飛散に注意する。器具や使用方法については第 3 章を参照されたい。

［参考文献］

[1]「核燃料工学」第 4 版，三島良積，同文書院，（1982)
[3]「原子力基本法」，原子力規制委員会，（2014)
[4]「核燃料物質，核原料物質，原子炉及び放射線の定義に関する政令」，規制庁（1988)
[5]「原子炉等の規制に関する法律」，規制委員会，（2017)
[6]「原子炉等の規制に関する法律施行令」，規制委員会，（2018)
[7]「核燃料物質の使用等に関する規則」，規制委員会，（2019)
[8]「核原料物質の使用に関する規則」，規制委員会，（2018)
[9]「我が国における大学等核燃および RI 研究施設の在り方について」，日本原子力学会アゴラ調査専門委員会大学等核燃および RI 研究施設検討・提言分科会，日本原子力学会誌，1（2019）793-797.
[10]「核燃料物質・核原料物質の使用に関する規制」，原子力規制庁 HP，（2014)

[11]「核燃料使用の許可を得ている事業所一覧（41 条該当事業所）」，規制委員会，(2020)

[12]「核燃料使用の許可を得ている事業所一覧（41 条該当事業所を除く）」，規制委員会，(2020)

[13]「放射性同位元素等の規制に関する法律」，規制委員会，(2018)

[14]「放射性同位元素等の規制に関する法律施行令」，規制委員会，(2018)

[15]　労働省，「核燃料物質等取扱業務特別教育テキスト―核燃料施設編―」，中央労働災害防止協会，(2000)

[15]「核燃料サイクル工学」，鈴木篤之，清瀬良平，日刊工業新聞社，(1981)

[16]「放射線概論」，柴田徳思編，通商産業研究者，(2019)

第2章 物質管理

2.1 計量管理 [1-7]

　ウラン等核燃料物質の使用においては，平和目的だけに利用され，核兵器等に転用されないことを担保する保障措置への対応も必要とされる。原子炉等規制法第61条の8第1項及び国際規制物資の使用に関する規則第4条の2の規定に基づいて，国際規制物資（核燃料物質に限る）の計量及び管理（以下「計量管理」という。）に関する事項を定め，適正な計量管理を実施する必要がある。実施に当たっては，個々の事業所について規制委員会による計量管理規程の承認が必要である。計量管理規程では，管理体制や，計量管理区域の設定，管理方法，報告書の記入方法，記号等について記載している。まず，用語の定義を表2.1に示す。

　この表中，実効キログラム（Effective Kilo Gram, EKG）は，核種の核的性能により重みをつけた量である。例えば，Pu1kgや^{233}U1kgの場合はそのまま1EKGとなり，5％^{235}Uを含む濃縮U1kgの場合は，1×0.05^2 = 0.0025EKGとなる。0.711%^{235}Uを含む天然U1kg場合は，1×0.0001 = 0.0001EKGとなる。保障措置において施設（Facility）とは，(1)原子炉，臨界実験施設，転換プラント，加工プラント，再処理プラント，同位体分離プラント又は独立の貯蔵施設，(2)1実効キログラムを超える量の核物質が通常使用される場所としており，(2)を超えない場所としてLOF（Location Outside Facility）が表2.2のように定義されている。大学等における施設はほとんどLOFに該当することになる。

　核燃施設には，計量管理区域（MBA）を設け，許可施設はJの，国規物使用施設はKの符号をもつ。MBA内に計量管理の主要測定点（KMP）を設け，受入（再生，事故増加を含む）を1，払出（廃棄，事故損失を含む）を2，在庫をAとする。計量管理は各KMPにおいて，各試料バッチ（英数字8文字以下）毎に行い，記録する。その際，各バッチには，試料を特定できるよう，物理的，化学的形状等を四種類のコードで記載する。以下そのコード表の例を表2.3および2.4に示す。表2.3は物理的性

第1部　方法編

表 2.1　計量管理規程で使用する用語の定義

用　語	記号	定　　　義
高濃縮ウラン	HEU	^{235}U 量が 20% 以上の濃縮ウラン
低濃縮ウラン	LEU	^{235}U 量が 20% 未満の濃縮ウラン
天然ウラン	NU	天然に産するウラン
劣化ウラン	DU	^{235}U 量が 0.711% 以下のウラン
特定核分裂性物質		^{233}U, ^{235}U, ^{239}Pu, ^{241}Pu
供給当事国		日本と国際原子力機関との協定締約相手国
核燃料物質計量管理区域	MBA	核燃料物質を適切に計量および管理できる区域，受入 1，払出 2，在庫 A
主要測定点	KMP	核燃料物質の受払量又は実在庫量の計量を適切に行える箇所
区分変更		ウラン濃縮度が，濃縮，混合，核的損耗等により変わること。
測定済廃棄物		測定後，原子力利用に適さないような態様で廃棄された核燃料物質
保管廃棄物		処理又は事故により当分の間，回収不能であり，貯蔵される核燃料物質
不明物質量	MUF	実在庫量の確認により発生する帳簿在庫量と実在庫との差
実効キログラム値	EKG	保障措置を適用上の特別の単位
バッチ		計量管理のために一体として取り扱われる核燃料物質の総体
ソースデータ		化合物の重量，元素濃度，同位体比等核燃料物質及びバッチデータの基礎
日米協定		新（1987.11.4）旧（1988.2.26）の区分による原子力平和利用の政府間協定
年間移転量		公称能力で稼動時にその施設から 1 年間に移転される核燃料物質の量

表 2.2　LOF の例

分類	対象	核燃料物質使用量
イ	Pu	1kg 以下
ロ	$(^{238}U + {}^{235}U)/U_{total} > 0.01$	(1/濃縮度) kg
ハ	$0.005 < (^{233}U + {}^{235}U)/U_{total} < 0.01$	10t 以下
ニ	$(^{233}U + {}^{235}U)/U_{total} < 0.005$, Th	20t 以下

表2.3　第1種キーワード：物理的形状

キーワード	コード	キーワード	コード
燃料体	B	固体，その他	ϕ
燃料要素	D	液　体	N
粉　末	F	残渣／スクラップ	R
粉末，セラミック	G	廃棄物，固体	T
形成物，グリーン	H	廃棄物，液体	U
セラミック	J	小試料，小試片	V
被覆粒子	K	密封線源	QS

状について規定するもので，燃料体は完成した燃料体，すなわち，原子炉に使用する集合体バンドルを示し，燃料要素はピンやプレートを指す。Fの粉末は，Gの酸化物および炭化物以外を示す。Hの形成物等は燃結処理に先立って，セラミック質の粉末と膠結剤との混合物を圧縮又は粒状化して形成した焼結前のグリーン・ペレット及びグリーン粒子を指し，Jのセラミックは，セラミックペレットおよび粒子で，デボンド処理および焼結処理したものを指す。固体，その他（ϕ）は上記以外の上記に指定したもの以外の固体物質，インゴット，ビレット，押出し成形物，小片，UF6等で混合物を除く。液体（N）は，水溶液および有機性その他液体を含む。残渣等（R）は，生産の過程で生じた残渣やスクラップで，リサイクルあるいは回収可能なものを，小試料等（V）は1個のバッチにまとめられた解析用試料や試験片を指す。表2.4は化学的性状を示す第2種キーワードで，化合物に対してアルファベットが，金属材料に数字が割り当てられている。

このほか，第3種のキーワードは，封じ込め機能に関して容器の種類と容量から分類するもので，例えば，①容器なし，②出荷又は貯蔵用容器に入っている燃料体および燃料要素，③照射済燃料を入れた遮蔽用フラスコ（キャスク），④原子炉そのものとしている。また，ベッセルの目盛の有無により⑤，⑥とし，⑦トレイ，⑧臨界対応用安全容器（鳥かご）と

表 2.4　第 2 種キーワード：化学的形状

キーワード	コード	キーワード	コード
単体	D	酸化物／黒鉛	X
フッ化物	E	炭化物／黒鉛	Y
ヘクス（UF_6）	G	窒化物	Z
硝酸塩	J	有機物	1
ADU	K	他の化合物	2
二酸化物	Q	アルミニウム合金	3
三酸化物	T	ケイ素合金	4
酸化物（3/8）	U	ジルコニウム合金	5
他酸化物，混合物	R	モリブデン及びチタン合金	6
酸化物・毒物	V	他の化合物	7
炭化物	W	雑品目	ϕ

し，容器容量により試料ビン（0.5 l 以下）から，ドラム缶，樽，UF_6 シリンダ，タンク車（5000 L 以上）まで 13 段階に分けている。

　燃料等の品質に関する第 4 種キーワードは，未照射（非照射）と照射済（被照射）を区別するものである。新燃料は非照射で，使用済燃料は被照射となる。その後，燃料含有物質について，燃料の純度と均質性により分類している。

　これらのキーワードを基に，試料のバッチ番号と性状を示す。例えば，小型ガラス瓶に入った二酸化ウラン粉末を計量管理する場合，バッチ番号は 2020UO2，性状コードは FQAB のようになる。各バッチに対して，バッチ番号，性状等を記載したソースデータを作成し，当該年度における核燃料物質の移動，在庫について表 2.5 に示す計量管理報告を規制庁および国際原子力機関（IAEA）へ提出することになる。この報告で核燃料物質の移動に係る記号としては表 2.6 のようなものがある。使用後の核燃料物質に保管廃棄すると，計量管理の対象ではなくなる。保管廃棄物を移動する場合には，再度，バッチ番号を付与し（リバッチング），払出先にて廃棄する。このようにして，ウラン廃棄物のトレーサビリティが保障さ

表 2.5 計量管理に係る主な報告書

報告書名	記号	内容
実在庫明細表	PIL	棚卸しにおける実在庫量
物質収支記録	MBR	核燃料物質毎の物質収支
在庫変動記録	ICR	当該期間における在庫変動
在庫変動等供給当事 国別明細報告（1）	OCR-1	ICR に対応した供給当事国別報告
実在庫量当事 国別明細報告（1）	OCR-3	PIL に対応した供給当事国別報告

表 2.6 核燃料物質の移動に係る記号の例

移動の状況	記号	移動の状況	記号
受入	RD	事故増加	GA
払出	SD	保管廃棄	TW

れる。

　K 施設の場合には，第 67 条第 1 項及び国際規制物資の使用等に関する規則第 7 条第 21 項の規定により，上期（1/1-6/30）および下期（7/1-12/31）について管理報告書を提出する。

　なお RI に関しても，計量管理と同様，「RI 規制法」により，放射線管理状況報告書を作成し，RI 物質量の管理を行う [8，9]。特に，α 核種については，核燃と同様の廃棄物処理・処分を行うため，廃棄物管理が重要となる。

2.2　廃棄物管理 [10-14]

　ウランおよび放射性廃棄物に関する法令上の扱いについて，核燃料物質や核原料物質については，原子力基本法および原子炉等規制法（炉規法）にあるものの，それらを含む放射性廃棄物は炉規法で規定されている。一方，核燃料物質以外の放射性物質を含む廃棄物については規制法

により規定される。図2.1には，βおよびγ核種の放射能濃度とα核種の放射能濃度による，放射性廃棄物の濃度区分を示した[10]。大きく高レベル放射性廃棄物と低レベル放射性廃棄物に区分される。高レベル放射性廃棄物は再処理工程から排出される高レベル放射性廃液を固化したものが相当する。低レベル放射性廃棄物については，放射能濃度の低い方から，$[\alpha] < 10^7$Bq/tかつ$[\beta，\gamma] < 10^{10}$Bq/tの廃棄物を極低レベル放射性廃棄物とし，トレンチ処分相当としている。次に，$[\alpha] < 10^9$Bq/tかつ$[\beta，\gamma] < 10^{13}$Bq/tに管理された固化体が浅地中処分に相当する。$[\alpha] < 10^{10}$Bq/tかつ$[\beta，\gamma] < 10^{14.4}$Bq/tに相当する廃棄物には炉心などが該当し，中深度処分となる。核燃料製造工場などから発生するウラン廃棄物は，$[\alpha] < 10^{10}$Bq/tであるが，βおよびγ核種濃度は低い。再処理工場はMOX燃料加工施設の操業や解体により発生する廃棄物は，超ウラン元素（Trans Uranium Element, TRU元素）を含むため，TRU廃棄物と呼ばれる。これらは，長半減期であるものの，低発熱性であるが，放射能濃度範囲が広く，図中では斜めの領域に該当する。ウランの化学（I）12.8節で述べたように，大学等の研究施設で発生する廃棄物は研究施設等廃棄物に該当し，大部分が放射能レベルの比較的低い廃棄物であり，図2.1の低レベル放射性廃棄物としての取扱が適している。一方，アメリシウムやキュリウムのようなα核種を含む廃棄物は，RI協会では引取の対象外であり，施設内に保管するが，核燃料を扱う施設では，核燃廃棄物と同様な保管管理を行う。

　一方，実験中にウランが付着あるいは混入した容器や，その除染により発生したウエスやゴム手袋は圧縮・減容し，可燃性廃棄物として保管する。ポリ瓶やガラス瓶などは核燃物質が付着した内面をアルコール含有ティッシュ等でこすり取って除染する。これで取り切れない場合は，1M程度の硝酸を該当部分に湿らせ，しばらくしてふき取り，除染を確認する。汚染評価と除染については本書第9章を参照されたい。ガラス，金属等は不燃性廃棄物として保管する。核燃料物質を含んだ液体は，汚染の拡大を防ぐためにも，減容・固化して，固体廃棄物として保管する。計量

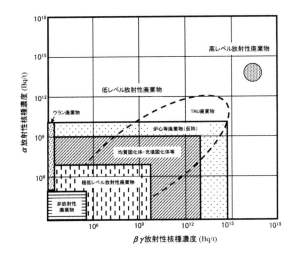

図 2.1　放射性廃棄物の濃度区分 [10]

管理において，現状では使用の予定がなく廃棄し，その後，再度利用する可能性がある場合に保管廃棄という措置がある。この場合は計量管理からは外れ，実験試料等でありながら，廃棄物として管理することになる。したがって，当該施設においては，計量管理と廃棄物管理を合わせて，全体の核燃料物質の状態を把握しておくことが必要である。

　図 2.2 には容量の異なる廃棄物保管容器の例を示す。(a) は実験室内において一時的に廃棄物を保管するもので，内部にポリエチレン袋をセットして使用する。紙製のものよりも不燃性の材料で製作された容器が望ましい。(b) は (a) よりも容量が大きく，実験室あるいは施設内にて使用するもので，金属製であることから耐火に適している。内部にポリエチレン袋をセットして使用するが，金属やガラス等不燃物保管の場合には，厚手の袋が望ましい。実験室等から搬出される廃棄物は施設内の廃棄室等に保管する。この場合，施設外への搬出容器である 50 あるいは 200 L ドラム缶に保管しておくことになる。ドラム缶への廃棄にあたっては，日時，内

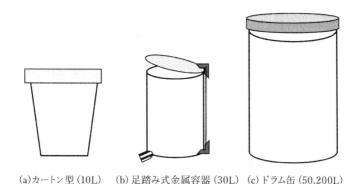

(a)カートン型（10L）　（b）足踏み式金属容器（30L）　(c)ドラム缶（50,200L）

図 2.2　廃棄物の保管容器

容物，廃棄物中の核燃料物質，使用者名等を記載し，トレースできるよ
うにしておく。

　事業所における放射性廃棄物についても，当該廃棄物に含まれる放射
性物質の種類，数量と，上記 200L ドラム缶に換算した保管本数を記載し
た管理状況報告書を毎年提出することになっている。

2.3　臨界管理 ［15，16］

　核燃料取扱いにおける特殊事情として，臨界管理がある。原子力エネ
ルギーは ^{235}U 等原子核の中性子による制御された核分裂反応を利用して
いる。この核分裂反応が連鎖的，連続的に進行する状態が臨界であり，こ
の臨界状態が，特定の条件により制御不能にならないように臨界管理を行
う必要がある。表 2.7 に U および Pu の金属および化合物について最少臨
界量（未臨界限度量）を示す。^{235}U については，金属がもっとも臨界量が
小さく，酸化物，フッ化物の順に大きくなり，安全側になる。金属の状態
で比較すると，^{235}U に比べて，^{233}U や ^{239}Pu では臨界量が 1/3 〜 1/4 程度
となり，MOX 燃料等製造工程や再処理工程において，臨界管理が難しく
なる。

表 2.7　U および Pu 金属・化合物の最小臨界量（kg）

化合物	最小臨界量	化合物	最小臨界量
^{235}U 金属	20.1	^{235}UF$_4$	47.9
^{235}UC$_2$	27.0	^{235}UF$_6$	69.6
^{235}UO$_2$	29.6	^{233}U 金属	6.7
^{235}U$_3$O$_8$	43.5	^{239}Pu 金属	4.9

表 2.8　臨界管理に関係する要素

要　素	例
核分裂性物質	^{233}U, ^{235}U, ^{239}Pu, ^{241}Pu
中性子	高速中性子＜熱中性子
減速材	水，黒鉛，有機化合物
反射材	水，コンクリート，黒鉛，有機化合物
中性子漏洩体系	球＜円筒＜直方体
化学的組成	U（金属）＜ UO$_2$ ＜ U$_3$O$_8$ ＜ UO$_2$F$_2$ ＜ UO$_2$(NO$_3$)$_2$
非均質効果	均質（粉末）＜非均質（ペレット，燃料棒）

　次に，臨界管理に必要ないくつかの条件を表 2.8 に示す。まず，核分裂性物質としては，奇数の質量数をもつ U および Pu 核種がある。核分裂後に放出される高速中性子より，減速された熱中性子に対して，吸収断面積が大きく，核分裂を起こしやすくなる。このため，減速効果のある物質の存在，また，分裂後の高速中性子を反射して体系内に閉じ込めやすい物質の存在が臨界性を高める。形状では球状より直方体の方が中性子が漏洩する。さらに，化学的性状では，金属より，酸化物の方が漏洩しやすく，また，粉末よりペレットなどの方が漏洩しやすい。大学等の使用施設では，天然 U が主であり，かつ取扱量も少ないので，臨界管理は燃料製造工場や再処理工場などに限定される。

第 1 部　方法編

［参考文献］
[1]「核燃料工学」第 4 版，三島良積，同文書院，（1982）
[2]「原子力基本法」，原子力規制委員会，（2014）
[3]「核燃料物質，核原料物質，原子炉及び放射線の定義に関する政令」，規制庁（1988）
[4]「原子炉等の規制に関する法律」，規制委員会，（2017）
[5]「原子炉等の規制に関する法律施行令」，規制委員会，（2018）
[6]「核燃料物質の使用等に関する規則」，規制委員会，（2019）
[7]「核原料物質の使用に関する規則」，規制委員会，（2018）
[8]「放射性同位元素等の規制に関する法律」，規制委員会，（2018）
[9]「放射性同位元素等の規制に関する法律施行令」，規制委員会，（2018）
[10]「低レベル放射廃棄物の余裕深度処分に係る安全規制について」（中間報告），総合資源エネルギー調査会，原子力安全・保安部会，廃棄物安全小委員会，（2007）
[11]「RI・研究所等廃棄物（浅地中処分相当）処分の実現に向けた取り組みについて，日本科学技術学術審議会，（2006）
[12] 日本原燃他，「ウラン廃棄物の処分及びクリアランスに関する検討書」，（2006）
[13]「研究施設等廃棄物の輸送・処理に係る今後の検討課題について研究施設等廃棄物の輸送・処理に係る今後の検討課題について」，文部科学省，（2010）
[14] 朽山　修，「放射性廃棄物処分の原則と基礎」，原子力環境整備促進・資金管理センター，（2016）
[15] J. T. Thomas ed., "Nuclear Safety Guide, TID-7016", Revision 2, US. DOE, (1978)
[16]「臨界安全ハンドブック」第 2 版，JAERI-1340，（1999）

第3章　放射性物質取扱の基礎

3.1　核燃と RI ［1-3］

ウランの化学（I）第1章「ウランの基礎」には，核的性質や同位体，法令における定義などを簡潔に紹介した。ここでは，同じ放射性物質でありながら，法令により規制が異なる放射性同位体（RI：Radioisotope）と核燃料物質の取扱について述べる。

（1）RI

（a）RI の種類と製造

放射性同位元素（RI）は，原子核から α 線や β 線といった放射線を放出して，別の原子核に変換（放射壊変）する。α 壊変はヘリウムの原子核（$^4_2\mathrm{He}$）を放出する。例えば，$^{238}\mathrm{U}$ は（3-1）式のように α 壊変して $^{234}\mathrm{Th}$ となる。β 壊変には β^-，β^+，電子捕獲がある。中性子を n, 陽子を p, 電子を e, ニュートリノを ν とすると表 3.1 のようになる。α および β 壊変し，生成する娘核種があるエネルギー E_1 の励起状態にある場合，より低いエネルギー E_2 へ γ 線としてエネルギー（$E\gamma_1$）を放出して転移する。

$$\alpha \text{壊変} \quad ^{238}_{92}\mathrm{U} \rightarrow {}^{234}_{90}\mathrm{Th} + {}^4_2\mathrm{He} \tag{3-1}$$

さらに放射性同位体が α および β 壊変し，生成する娘核種があるエネルギー E_2 の励起状態にある場合，より低いエネルギー E_3 へ γ 線としてエネルギー（$E\gamma_2$）を放出して転移する。基底状態（E_0）まで複数の γ 線を放

表 3.1　β 壊変の分類と核反応

分類	反応	例
β^- 壊変	$\mathrm{n} \rightarrow \mathrm{p} + \mathrm{e}^- + \nu$	$^{32}_{15}\mathrm{P} \rightarrow {}^{32}_{16}\mathrm{P} + \mathrm{e}^- + \nu$
β^+ 壊変	$\mathrm{p} \rightarrow \mathrm{n} + \mathrm{e}^+ + \nu$	$^{22}_{11}\mathrm{Na} \rightarrow {}^{22}_{10}\mathrm{Ne} + \mathrm{e}^+ + \nu$
電子捕獲	$\mathrm{p} + \mathrm{e}^- \rightarrow \mathrm{n} + \nu$	$^{40}_{19}\mathrm{K} + \mathrm{e}^- \rightarrow {}^{40}_{18}\mathrm{Ar} + \nu$

	-2	-1	N	+1	+2
+2			(α,2n)	(α,n)	
+1	(p,2n)	(p,n) (d,2n)	(α,t) (p,γ) (d,n)	(t,n)	(α,p)
Z		(n,2n) (γ,n) (p,pn) (d,t)	target nuclide	(n, γ) (d,p) (t,d)	(t,p)
-1	(p, α)	(d, α)	(n,d) (γ,p)	(n,p) (d,2p)	
-2		(n, α)			

図 3.1　核反応による陽子数（Z）および中性子数（N）の変化

出する。また，γ 線の代わりに内部転換電子として軌道電子へエネルギーを放出する場合もある。

　原子核と放射線（イオンも含む）との反応（核反応）により種々の RI を製造することができる。図 3.1 には，核反応の種類と，反応による原子核の陽子数（Z：原子番号）と中性子数（N）の変化を示した。例えば，^{238}U に γ 線を照射すると，（γ,n）反応により中性子数が 1 減少して，^{237}U を生成する。逆に，中性子を照射すると，（n, γ）により中性子が 1 増えて ^{239}U となり，^{239}U は以下のように 2 回の β^- 壊変を経て，^{239}Pu を生成する。

$$^{238}_{92}\text{U} + \text{n} \rightarrow {}^{239}_{92}\text{U} \rightarrow {}^{239}_{93}\text{Np} \rightarrow {}^{239}_{94}\text{Pu} \tag{3-2}$$

　これらの核反応を利用して，種々の RI が製造・販売されている。具体的には，日本アイソトープ協会（以下，RI 協会）より購入可能である。販

表 3.2　日本アイソトープ協会にて取り扱う放射能標準液

核種	半減期	核種	半減期	核種	半減期
^{3}H	12.32 y	^{67}Cu	2.58 d	^{124}I	4.1760 d
^{14}C	5700 y	^{65}Zn	243.93 d	^{125}I	59.407 d
^{18}F	1.830 h	^{67}Ga	3.2617 d	^{131}I	8.0252 d
^{22}Na	2.6027 y	^{68}Ge	270.93 d	^{134}Cs	2.0652 y
^{32}P	14.268 d	^{75}Se	119.78 d	^{137}Cs	30.08 y
^{33}P	25.35 d	^{81}Rb	4.572 h	^{133}Ba	10.551 y
^{35}S	87.37 d	^{85}Sr	64.849 d	^{139}Ce	137.641 d
^{36}Cl	3.013×10^{5} y	^{89}Sr	50.563 d	^{144}Ce	284.91 d
^{45}Ca	162.61 d	^{90}Sr	28.79 y	^{147}Pm	2.6234 y
^{51}Cr	27.701 d	^{88}Y	106.626 d	^{152}Eu	13.517 y
^{54}Mn	312.05 d	^{90}Y	2.67 d	^{1177}Lu	160.44 d
^{55}Fe	2.744 y	^{95}Nb	34.991 d	^{201}Tl	3.0421 d
^{59}Fe	44.495 d	^{99}Mo	2.7490 d	^{206}Tl	3.783 y
^{57}Co	271.74 d	^{99}Tc	2.11×10^{5} y	^{223}Ra	11.43 d
^{58}Co	70.86 d	^{106}Ru	1.018 y	^{225}Ac	10.0 d
^{60}Co	5.2271 y	^{109}Cd	1.263 y	^{237}Np	2.244×10^{6} y
^{63}Ni	101.2 y	^{111}In	2.8047 d	^{241}Am	432.6 y
^{64}Cu	12.701 h	^{123}I	13.3235 h		

売種類は，校正用密封線源，作業用密封線源，放射能標準液がある。標準液は非密封 RI であり，以下に示すような単核種溶液（^{85}Sr，^{137}Cs など）のほか，9 種混合核種溶液（^{59}Cd，^{57}Co，^{139}Ce，^{51}Cr，^{85}Sr，^{137}Cs，^{54}Mn，^{88}Y，^{60}Co）がある。表 3.2 には RI 協会にて販売している単核種放射能標準液を示す。各試料とも，放射能は 3.7 kBq ～ 1 MBq であり，それぞれ，5，10，50 ml 容量がある。一部の核種，例えば，^{3}H や ^{36}Cl は 3.7 kBq ～ 100 kBq で，^{99}Tc は 3.7 kBq ～ 150 kBq である。

　これらの試薬に入っている人工の RI の物質量は極めて少なく，容器表面に付着したり，ラジオコロイドを生成したりして，通常のイオンとは異なる挙動を示すことがある。このため，目的 RI と同元素の安定同位体を

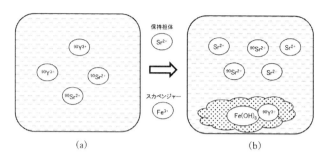

図3.2　保持担体とスカベンジャーの例

多量に添加し，放射性 RI の挙動をマクロで評価することができる。添加物を担体（キャリヤ）と呼び，担体が安定同位体の場合を同位体担体，放射性の場合を非同位体担体と呼ぶ。使用する放射性溶液が担体を含まない（キャリヤフリー）かどうか確認する必要がある。担体およびスカベンジャーの例を図3.2に示す。ここでは，$^{90}Sr^{2+} - {}^{90}Y^{3+}$の共存溶液に，非放射性の$Fe^{3+}$を添加して，$Fe(OH)_3$沈殿を生成させ，$^{90}Y^{3+}$を共沈させて分離する。その際，$^{90}Sr$が共沈しないように，保持担体として天然の$Sr^{2+}$を添加し，$^{90}Sr^{2+}$を溶液中に保持する。

　IAEA が策定した国際基本安全基準（BSS：Basic Safety Standard）を受入れ，日本での規制を免除される放射性同位元素の量や濃度のレベルに適用した（2014年）。この基準は，ある線源について，その使用や処分に伴う全ての被ばく経路を考慮して，その被ばくが$10\mu Sv/y$になるように科学的に算出された数値で，約300の核種について，規制の対象外となる放射能（Bq），濃度（Bq/g）の免除レベルを定めている。BSS レベルでは，従来と比較して厳しくなる場合と緩和される場合があり，数量（放射能）については，非密封では緩和される核種が多いが，密封では厳しくなる核種が多い。このため，例えば，エアロゾル中和器（3.7MBq, ^{241}Am内蔵，BSS 規制値 10kBq）や携帯型液化ガス液面レベル計（3.7MBq, ^{60}Co内蔵，BSS 規制値 100kBq）のように許可された市販品でありながら，規制

表 3.3 RI の放射能による BSS 免除レベル [1]

放射能（Bq）	核　　　種
1×10^3	^{231}Pa, ^{237}Np$^-$, ^{243}Am$^-$, ^{245}Cm, ^{246}Cm, ^{248}Cm
1×10^4	^{85}Kr, ^{137}Cs$^-$, ^{192}Ir, ^{210}Pb$^-$, ^{210}Po, ^{241}Am, ^{243}Cm
1×10^5	^{60}Co, ^{90}Y, ^{129}I, ^{134}Cs, ^{140}Ba$^-$, ^{144}Ce$^-$, ^{206}Bi
1×10^6	^{57}Co, ^{95}Nb^{99}, Mo, ^{129}Te, ^{134}Cs, ^{152}Eu, ^{207}Po
1×10^7	^{14}C, ^{97}Ru, 99Tc, ^{132}Te, ^{135}Cs, ^{155}Eu, ^{233}Pa
1×10^8	^{33}P, ^{63}Ni, ^{71}Ge, ^{93}Mo, ^{103}Pd, ^{151}Sm, ^{222}Rn$^-$
1×10^9	^{3}H, ^{15}O, ^{41}Ar, ^{53}Mn, ^{74}Kr, ^{76}Kr, ^{87}Kr, ^{88}Kr
1×10^{10}	$^{85\mathrm{m}}$Kr, ^{135}Xe
1×10^{12}	$^{83\mathrm{m}}$Kr

表 3.4 RI の放射能量による BSS 免除レベル [1]

放射能量（Bq/g）	核　　　種
1×10^0	^{231}Pa, ^{237}Np$^-$, ^{241}Am, ^{243}Am$^-$, ^{243}Cm, ^{245}Cm
1×10^1	^{95}Nb, ^{134}Cs, ^{182}Ta, ^{206}Bi, ^{210}Po, ^{228}Ac, ^{244}Cm
1×10^2	^{40}K, ^{57}Co, ^{85}Sr, ^{99}Mo, ^{129}I, ^{141}Ce, ^{202}Tl
1×10^3	^{7}Be, ^{90}Y, ^{97}Tc, ^{127}Te, ^{131}Cs, ^{161}Dy, ^{242}Am
1×10^4	^{14}C, ^{81}Kr, ^{99}Tc, ^{135}Cs, ^{147}Pm, ^{151}Sm, ^{220}Rn$^-$
1×10^5	^{33}P, ^{35}S, ^{63}Ni, $^{83\mathrm{m}}$Kr, ^{85}Kr
1×10^6	^{3}H, ^{37}Ar

対象となる課題がある。表 3.3 および表 3.4 には，放射能および放射能量による BSS 免除レベルを示す。^{3}H や ^{14}C，^{32}P などは緩和されるが，逆に，^{137}Cs や ^{226}Ra，^{241}Am などは厳しくなる。

(2) 核燃料物質

（a）核燃料物質の種類と放射能

ウランの化学（I）第 1 章 [4] では法令上の核燃料物質が，トリウム，ウラン，プルトニウムであること，ウランについては，天然，劣化，濃縮と ^{233}U があることを述べた。ここでは実際の取扱にあたって必要な，放射

表3.5 主なウランおよびα核種の比放射能

核種 (X)	半減期 $T_{1/2}$ (y)	比放射能 A (Bq/g)	1Bq 当りの質量 1/A (g/Bq)	A_X/A_{238U}
^{232}Th	1.405×10^{10}	4.06×10^3	2.46×10^{-4}	0.327
^{233}U	1.59×10^5	3.57×10^8	2.80×10^{-9}	2.87×10^4
^{235}U	7.04×10^8	8.00×10^4	1.25×10^{-5}	6.45
^{238}U	4.50×10^9	1.24×10^4	8.06×10^{-5}	1
^{237}Np	2.14×10^6	2.61×10^7	3.83×10^{-8}	2.10×10^3
^{239}Pu	2.41×10^4	2.30×10^9	4.35×10^{-10}	1.85×10^5
^{241}Am	4.32×10^2	1.27×10^{11}	7.87×10^{-12}	1.02×10^7

能や核的性質，化学的性質について述べる。

　まず，表3.5には主なウランおよび関連するα核種の比放射能を示す。半減期が短くなると，同じ質量の場合，短時間で放射能が減衰するので，比放射能は大きくなる。ウランの中では，半減期23.5分の^{239}Uの比放射能が1.24×10^{18}Bq/gと最大で，半減期が4.50×10^9年の^{238}Uの比放射能がもっとも小さい。1Bq当たりの質量は逆の傾向になる。使用済燃料中に存在する，プルトニウムやMAを比較のために示した。いずれも，半減期が^{238}Uより短く，比放射能はかなり大きくなり，これらの挙動が重要であることがわかる。

　次に，表3.6には主なウランの比放射能を示す。天然Uに比べ劣化Uの比放射能が少し高まる。^{235}Uを5％に濃縮した濃縮Uの場合には，天然Uの7倍程度高まる。

　さらに，表3.7には主なウラン鉱物の比放射能を示す。ウラノフェンや燐灰ウラン鉱のようにウラニルイオンが沈殿して生成した体積鉱床のような二次鉱物の場合の比放射能は，閃ウラン鉱のような一次鉱物に比べると低くなっていることが分かる。

　核燃料物質のBSS免除レベルを表3.8，表3.9に示す。この表の^{238}U～の国際免除レベルから，各核種の比放射能を用いて重量を求めると天然ウラン及び劣化ウランは0.8g（1×10^4Bq）となり，1gを規制値としている。

表 3.6　主なウランの比放射能

ウラン名	比放射能 ($\times 10^4$ Bq/g)
天然 U	1.24
劣化 U	1.48
5 ％濃縮 U	8.0

表 3.7　主なウラン鉱物の比放射能

鉱物名	化合物式	比放射能 (Bq/kg)
ウラノフェン	$Ca(UO_2)_2(SiO_3OH)_2(H_2O)_5$	7.27×10^7
燐銅ウラン鉱	$Cu(UO_2)_2(PO_4)_2 \cdot 8 - 12H_2O$	8.59×10^7
燐灰ウラン鉱	$Ca[(UO_2)(PO_4)]_2 \cdot 11H_2O$	8.64×10^7
カルノー石	$[K_2(UO_2)_2(VO_4)_2 \cdot 1 - 3H_2O]$	9.45×10^7
コフィン石	$U(SiO_4)_{1-x}(OH)_{4x}$	1.30×10^8
閃ウラン鉱	UO_2, UO_3	1.58×10^8

表 3.8　核燃料物質の放射能による BSS 免除レベル [1]

放射能（Bq）	核　　種
1×10^3	^{229}Th, n–Th※, ^{232}U, n–U, ^{240}Pu
1×10^4	^{227}Th, ^{228}Th～※※, ^{230}Th, ^{233}U, ^{234}U, ^{235}U～, ^{236}U, ^{238}U～, ^{236}Pu, ^{238}Pu, ^{239}Pu, ^{242}Pu, ^{244}Pu
1×10^5	^{234}Th～, ^{230}U～, ^{241}Pu
1×10^6	^{237}U, ^{239}U, ^{240}U～
1×10^7	^{226}Th～, ^{231}Th, ^{231}U, ^{240}U, ^{234}Pu, ^{235}Pu, ^{237}Pu, ^{243}Pu

※　n–Th，n–U：放射平衡にある全ての核種を評価
※※　～：放射平衡にある短寿命娘核種を含めた評価

表 3.9　核燃料物質の放射能量による BSS 免除レベル [1]

放射能（Bq）	核　　種
1×10^0	^{228}Th～, ^{229}Th～, ^{230}Th, n–Th, ^{232}U～, n–U, ^{238}Pu, ^{239}Pu, ^{240}Pu, ^{242}Pu, ^{244}Pu
1×10^1	^{227}Th, ^{230}U～, ^{233}U, ^{234}U, ^{235}U～, ^{236}U, ^{238}U～, ^{240}U～, ^{238}Pu
1×10^2	^{231}U, ^{237}U, ^{239}U, ^{234}Pu, ^{235}Pu, ^{241}Pu
1×10^3	^{226}Th～, ^{231}Th, ^{234}Th～, ^{237}Pu, ^{243}Pu

※　n–Th，n–U：放射平衡にある全ての核種を評価
※※　～：放射平衡にある短寿命娘核種を含めた評価

3.2　含ウラン試薬と試料

(1) 試薬

(a) 一般試薬

　試薬会社のカタログより，種々の試薬を購入できる。毒物劇物取締法や，消防法等により規制があるので，使用や保管，廃棄には注意を要する。特に，毒物や劇物の保管管理，火気厳禁や，禁水物質等の注意を要する。また，吸湿性物質については，購入に際しても，不活性ガスのアンプル封入などの対策が不十分な場合，試薬そのものに不純物が多く，また，状態不良で実験に使用できない場合がある。

(b) 核燃料物質

　試薬メーカーのカタログには，酢酸ウラニル（$UO_2(CH_3COO)_2$）や硝酸ウラニル（$UO_2(NO_3)_2$）の記載がある。二酸化ウラン（UO_2）や，八酸化三ウラン（U_3O_8），金属ウランについては，購入あるいは譲渡により入手できるが，天然ウラン，濃縮ウランの他，使用量に応じて，施設や設備を含めた使用の許可が必要となる。

・標準試料 [6-8]

　金属ウランの標準試料として，金属および酸化物がある。高純度金属ウランについては米国NBLおよび日本JAERIの標準試料（JAERI-U4）がある。後者では，原子炉級ウランインゴット（99.9％）から，LICl-KCl-UF$_4$（36-44-20％）塩による溶融塩電解および電子ビーム溶解により高純度ウラン金属（99.99％）を製作している。表3.10にはそれぞれの不純物組成を示す。金属成分では，アルミニウムや，ニッケル，鉄，バナジウムが大きく減少し，炭素，窒素，酸素の非金属成分も減少することにより99.993％の高純度を得ている。

　その結果，表3.11に示すように，高純度化により，比重は増加し，硬度は低下している。

　表3.12に示す同位体組成では，^{234}U および ^{235}U 組成が，それぞれ，

表 3.10　高純度および原子炉級ウラン金属の不純物組成（ppm）

	高純度 U	原子炉級 U		高純度 U	原子炉級 U
Ag	< 0.2	< 0.2	Li	< 1	< 1
Al	< 5	< 30	Mg	< 2	< 5
As	< 5	---	Mn	< 3	< 8
B	< 0.1	< 0.2	Mo	< 1	< 2
Be	< 0.2	< 0.2	N	< 10	< 60
Bi	< 0.2	< 0.2	Na	< 1	---
C	< 30	100 − 800	Ni	< 5	< 70
Cd	< 0.2	< 0.2	O	< 20 − 40	75 − 100
Cl	< 1	< 1	P	< 2	< 10
Co	< 5	< 5	Pb	< 2	< 2
Cr	< 5	< 8	Si	< 5	< 60
Cu	< 3	< 6	Sn	< 5	< 5
Fe	< 5	29 − 100	V	< 10	< 510
H	< 1	0.1 − 4	W	< 5	< 5
K	< 1	---	Zn	< 50	---

表 3.11　高純度および原子炉級ウラン金属の比重とヴィッカース硬度

	高純度 U	原子炉級 U
比重	19.03 − 19.05	18.86 − 18.99
ヴィッカース硬度	180 − 200	250 − 300

表 3.12　高純度ウラン金属の同位体組成

同位体	^{234}U	^{235}U	^{238}U
原子組成（at%）	0.0057 ± 0.00017	0.720 ± 0.0014	99.274 ± 0.0014
重量組成（wt%）	0.0056	0.711	99.283

表3.13　Agilent Technologies 社製多元素標準液の組成

	容量(ml)	ベース溶液	U(ppm)	Th(ppm)	共存元素数
環境分析用	100	10% - HNO₃	10	10	27
初期検量線確認用標準液	100	5% - HNO₃	10	10	27
半定量分析用標準液 I	100	40%王水	10	10	34
ICP-OES 及び ICP- 多元素標準液	125	5% - HNO₃	100	100	18

0.0057, 0.720 at%となり, また, ^{236}U は検出されないため, 天然ウラン由来であることがわかる。

　一方, ウランおよびトリウムを含む分析用標準液が市販されているが, 国内メーカーによる製品はなく, 外国メーカーに限る。標準液のうち, ウラン単元素溶液は, 1000ppm を超える高濃度溶液であり, 一般用には販売されていない。許可施設をもつ事業所において, U 化合物を秤量して, 調製する。一方, 機器分析の多元素標準液として 10ppm, 100ppm のウランを含む標準液が米国 SPEX 社や Agilent Technologies 社から市販されている。表3.13 には Agilent Technologies 社から市販されている多元素標準液の組成を示す [9]。多元素標準液として許認可を受けているものであるため, ここからウラン成分を分離あるいは濃度を高めることは法規制に触れるので注意を要する。

(2) 試料
　ウランなど核燃料物質については, 出発物質が, 金属や酸化物, 硝酸塩, 酢酸塩などに限定されている。これらの物質から実験に必要な種々の化合物を調製する必要がある。ウランの化学（I）基礎編に周期表の各族元素との反応を紹介しており, それらをもとに, ここでは実験に使用する各種ウラン化合物の調製方法を表3.14 にまとめた [5]。また, 化合物の色を口絵 1 に示した。

表 3.14　各種ウラン化合物の調製方法

元素	化合物	調製方法	性質
H	UH$_3$	U と H$_2$ を 200℃にて反応	発火性
O	UO$_2$	U$_3$O$_8$ を 1000℃にて水素還元	硝酸溶解
	U$_3$O$_8$	U，ADU 等を空気中 800℃にて加熱	硝酸溶解
	UO$_3$	ADU 等塩を空気中 400℃にて加熱	硝酸溶解
	UO$_4$	硝酸ウラニル溶液に H$_2$O$_2$ で沈殿	硝酸溶解
F	UF$_4$	UO$_3$ と HF を 600℃にて反応	吸湿性
	UO$_2$F$_2$	UO$_3$ と HF を 350℃にて反応	吸湿性
Cl	UCl$_4$	UO$_2$ と CCl$_4$ を 450℃にて反応	吸湿性
	UO$_2$Cl$_2$	UO$_3$ と HCl を 350℃にて反応	吸湿性
Br	UBr$_4$	U と CBr$_4$ を 100℃にて封管反応	吸湿性
I	UI$_4$	U と I$_2$ を 100℃にて封管反応	吸湿性
C	UC	UO$_2$ と C を 1700℃にて反応	吸湿性
	UO$_2$CO$_3$	U$_3$O$_8$ を硝酸溶解後，蒸発乾固	潮解性
N	UN	UO$_2$ + C と N$_2$ を 1700℃にて反応	吸湿性
	UO$_2$(NO$_3$)$_2$	U$_3$O$_8$ を炭酸溶解後，蒸発乾固	潮解性
	ADU	ウラニル溶液に NH$_4$OH で沈殿生成	高粘性
S	US$_2$	U と S を 100℃にて封管反応	吸湿性
	UOS	UO$_2$ と H$_2$S を 1000℃にて反応	吸湿性
	UO$_2$SO$_4$	UO$_3$ を硫酸溶解後，蒸発乾固	潮解性

3.3　実験器具等

　ウラン等を取り扱う場合には，放射性物質による汚染や被ばくの防護や，塩化物等吸湿性に対する反応防止のために，取扱器具およびその準備が必要となる。表3.15には基本的な器具とその対応を紹介する。固形試料や小部品の取扱には，小型，バネが柔らかいピンセットが使い易い。対象によっては，握ると外れる逆動作ピンセットも便利である。腐食環境では，テフロン被覆型も有効である。

　核燃料物質の取扱量は数mg〜数 g 程度と少なく，スパチュラは極微量も採取可能な小型が良い。秤量を行う場合は，薬包紙は強度が十分でなく，作業中にこぼれる恐れがあるので，プラスチック製で，帯電防止機能

のついた秤量皿が使い易い。さらに，適切なサイズの使い捨て用トレイを
用いて，汚染範囲を小さくし，除染しやすいように対応する。冬場やGB
内にて作業する場合，乾燥による静電気発生により，粉末が飛散したり，
ビニール表面へ拡散汚染するので，ファンタイプやガンタイプの静電気除
去器を使用して，汚染を防ぐようにする。消耗品としては，ティッシュや
手袋がある。ティッシュは液体や粉試料の拭き取りなどに利便性がよいも
のの，水分を含んでいるので，グローブボックス内にて使用する場合に
は，予め，50℃程度で乾燥しておく。パラフィルムは，緊密に使用するこ
とにより密閉性効果があり，試料の保存などに使用できる。ティッシュに
くらべ，含水量が極めて少なく，GB内の作業では重宝する。手袋には綿
およびゴム製がある。ゴム製は防水機能があり，汎用的であるが，機械的
に弱く，また，経年劣化もあり，品質管理に注意する。綿製は絶縁機能も
あり，柔らかく使用しやすいが，液体などがしみこみ易い。そこで，ゴム
製手袋の下に綿製手袋をはめて使用することにより，作業性をあまり損な
うことなく，ゴム手袋の一次汚染から皮膚への二次汚染や発汗による影響
を抑制できる。

　ウラン含有試料を扱う作業に用いる基本的な容器を図3.3に示す。ま
ず，試料溶解にはビーカーを使用する。塩酸等による溶解や蒸発では，パ
イレックスガラス製ビーカーで対応できるが，フッ酸使用の場合にはテフ
ロン製を使用し，200℃まで対応できる。それ以上の蒸発乾固であれば，
石英製ビーカーが必要である。実際，硝酸ウラニル溶液からの蒸発乾固と
硝酸塩の分解によるUO_3やU_3O_8の製造を行う場合には，石英ビーカーに
より一貫作業ができ，試料の移動による汚染を避けられる。ろ過後のろ紙
の乾燥，灰化や，高温での加熱実験には，（b）のるつぼが有用である。る
つぼの材質により温度制限があるので，注意を要する。UO_2の関わる高温
実験では，アルミナ製が望ましい。るつぼは最少でも10ml程度の容積が
あり，gオーダーの試料を扱う場合や，体積減少を伴う場合に使用する。
ウラン試料を，数100mg程度扱う場合には，（c）のボート型試料皿が扱い
やすい。高温でウラン酸化物がアルミナ材と反応するような場合には，Pt

表3.15　放射性物質の取扱に使用する基本的な器具，消耗品

品　名	用　途	備　考
ピンセット	試料，部品取扱	微小物対応
スプーン	秤量，試料出入	微少量取扱
試料皿	秤量，試料運搬	静電防止機能
バット（トレイ）	取扱作業	汚染防護
静電気除去器	粉末試料取扱	飛散防止
保管容器	試料保管	汚染防護，状態維持
ティッシュ	拭き取り	汚染除去
パラフィルム	封入，拭き取り	汚染防止
手袋	安全作業，汚染防止	綿製，ゴム製

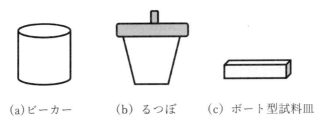

(a)ビーカー　　　（b）るつぼ　　　（c）ボート型試料皿

図3.3　溶解，乾燥，高温加熱用反応容器

箔等を敷いて，抑制する。

　素材と各種実験への対応性を表3.16にまとめる。ガラスやアルミナは
フッ酸は不可である。フッ素等が共存する場合には，低温ではテフロン，
高温ではニッケルが使用できる。白金はほぼ万能であるが，水素共存の還
元雰囲気において劣化する。炭化ケイ素や炭素は還元雰囲気での高温反
応に対応できる。

　試料の保管は試料の保全とともに汚染防護の観点からも重要である。特
に，試料の入ったガラス容器等を，真空あるいは不活性ガス雰囲気にする
ことにより，試料を安定に保管できるとともに，汚染防止となる。気密性
試料保管容器の例を図3.4に示す。（a）は擦り合わせ式のガラス容器で，

表3.16　各種素材と対応可能な実験と注意点

素　　材	対応実験	注意点
パイレックスガラス	溶解，乾燥	フッ酸不可
石英ガラス	溶解，高温，溶融塩	フッ酸不可
テフロン	溶解，乾燥	フッ酸可
アルミナ	高温反応	フッ素など
ニッケル	フッ素，高温反応	ニッケル汚染
白金	高温，強酸，強アルカリ	還元雰囲気
炭化ケイ素	高温反応	酸化雰囲気
炭素	高温，フッ化物	酸化雰囲気

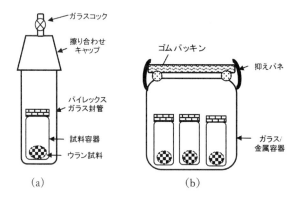

図3.4　気密性試料保管容器

内部を真空やアルゴン雰囲気で保管できる。（b）はパッキンで気密性を持たせる保管容器で，特に，外部へ郵送する場合には，金属製容器に保管し，移動中に破損しないようにする。

3.4　ウラン試料の計量管理と廃棄物管理

　ウラン試料を実験に使用する場合は，貯蔵庫から使用するウランの保管容器を取り出し，所定のフード等内で所定量秤量し，バッチ番号とともに記録して，保管容器を貯蔵庫へ戻す。核燃料物質の使用量や在庫量を記

録，報告することを計量管理といい，その詳細は 2.1 節　計量管理を参照
されたい。使用した実験試料は，純粋なウラン化合物であれば，計量管
理できるが，他の元素等が混在して，かつ状態が変化したものについて
は，廃棄することになる。実験試料には液体や固体があるが，保管管理
上，固体状態が望ましく，液体状のものは，蒸発・乾燥等により安定な固
体（例えば酸化物）として保管するとともに，廃棄物管理を行う。廃棄物
管理については 2.2 節を参照されたい。

［参考文献］

[1] 柴田徳思編，「放射線概論」，通商産業研究社，(2019)
[2] 公益社団法人日本アイソトープ協会 HP
[3] 原子核チャート，JAEA，(2014)
[4] 文部科学省原子力安全課，「少量核燃料物質の技術基準」，(2005)
[5] 佐藤修彰，桐島　陽，渡邉雅之，「ウランの化学（I）」（－基礎と応用－），東北大
    学出版会，(2020)
[6] 木島健次，「標準試料とその調製法－6　－核燃料－」，JAPAN ANALYST，14，
    271-275，(1965)
[7] F. S. Voss, R. E. Greene, "Analysis of Essential Nuclear Reactor Materials", USAEC
    Report AECD-4030, (1953)
[8] 橋谷　博，星野　昭，安達武雄：「純分定量用金属ウラン標準試料 JAERI-U4」，
    JAEARI-M5343，(1973)
[9] Agilent Technologies 社，HP

第4章　溶液を用いる実験方法

　本章では溶液を用いる実験方法の流れを紹介するとともに，イオン交換樹脂および溶媒抽出を用いた金属イオンの相互分離法について，例示する。ウランイオンと溶液反応についてはウランの化学（I）第9章を参考にされたい [1]。ここでの溶液化学実験を，一般的な分析化学実験と捉えるとき，得られる分析値の信頼性を確保するには，その不確かさを求める必要がある。不確かさの要因は，サンプリング操作や実験者の熟練度，反応の不完全性，実験中の汚染，測定装置の分解能，容量測定器具の不確かさ，マトリクス効果や干渉，標準物質の表示値，ランダムなばらつきなど，多岐にわたる。これらの具体的な評価方法や，分析値のトレーサビリティ確保の実際については他書に譲る。これに関連して，試薬の取扱いや秤量時の留意事項は第3章を参照されたい。

4.1　実験系と実験器具

　実験に用いる試料溶液の調製にあたり，十分に洗浄した清浄な器具や容器を用いることで，有意な汚染（コンタミネーション）を防ぐことができる。洗浄方法は，容器の材質（ガラス，プラスチック等）や，汚染による実験結果への影響をどの程度許容するかにより異なる。未使用の容器内壁には製造時のゴミの他，油分が付着していることがあるので，市販の中性洗剤や液体洗浄剤 SCAT を用い，一晩漬け置き後に細かい傷が付かないスポンジなどの柔らかいもので手洗いするとよい。頑固な汚れには，酸化力の強いクロム酸混液（毒性高）に浸漬する方法がある。いずれも十分な流水で洗剤を落とした後，洗瓶に入れた蒸留水や超純水で少量洗浄を繰り返し，清浄な場所で風乾する。

　実験に用いる溶液に含まれる金属イオンや化合物の濃度が低い（mmol/dm^3 未満）場合，容器内壁への吸着が時間と共にゆっくり進行し，予期せぬ濃度低下を招くことがある。そのため，実験に用いる溶液濃度よりもかなり高濃度の母溶液を吸着が起こりにくい，例えば酸性〜弱酸性溶液とし

て調製・保存しておき，使用直前に目的濃度に希釈して用いるのがよい。この母溶液は，2次的な標準液としても有用である。なお，例えば母溶液を0.100mol/Lのモル濃度とするために試薬を正確に秤量する必要はなく，溶質（試薬）の重量を正確に得て溶媒に完全に溶かし，その正確なファクター（力価）を定量分析や計算によって求めればよい。母溶液の保存が長期に及んだときは，使用前に改めて定量分析するのが望ましい。

　母溶液の希釈作業において，各溶液が室温と平衡にあり，希釈熱による液温上昇，混合時のpHやイオン強度の大きな変化による密度変化の影響が無視できる場合には，混合体積比によりそのモル濃度を定めることができる。ここで，母溶液が4価ウランや3価ランタニドイオンなどの多価金属イオンを含む酸性溶液の場合，溶液の混合順序に注意すべきである。中性pH条件下ではこれらのイオンの加水分解反応が進行し，溶解度も低いため，金属水酸化物の沈殿やコロイドを生成する。例えば，母液中の金属イオンと錯生成能の高い配位子を含む中性溶液およびイオン強度調整を兼ねた希釈用中性溶液を混合する場合，前者を先に添加すれば，安定な水溶性錯体を形成させることで不均一化を抑制することができる。一旦，コロイドが形成されると，その再溶解は困難である。

　多価金属イオンの容器や器具内壁への吸着をできるだけ避けるには，ガラス製のビーカーやホールピペットの代わりに，化学的耐性の高いポリプロピレン製ピペットチップを装着する容量可変式マイクロピペットの使用することができる（図4.1）。近年，使い捨てチップは，特殊な内壁処理により試料の吸着や残液量の低減が図られている。但し，再現性よくかつ定量的に液体を分取するためには吸引や吐出の操作にコツがいる。また，適当な頻度でのメンテナンスや精度の校正は不可欠である。また，容器の材質は，低汚染性の高密度および低密度ポリプロピレン製やポリプロピレン製，耐酸性・耐熱性の高いテフロン製（PFA，PTFE）などがあり，用途に応じて形状や容量を選ぶことができる。

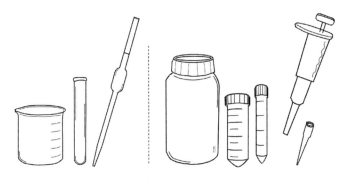

図 4.1　実験に用いる容器および器具類
（左：ガラス製，右：プラスチックおよびテフロン製）

4.2　イオン交換

　化学交換法の一種であるイオン交換法は，工業排水中の重金属イオンの分離回収，半導体産業用超純水の製造，海水の飲料水化などに幅広く用いられている。また原子力発電に用いるウラン燃料を製造する工程（アップストリーム）の精製濃縮手段として，同法が用いられている。イオン交換樹脂は，接触する水中のイオンを交換する多孔質の合成樹脂であり，多くの種類の樹脂が市販されている。陽イオン交換樹脂は，イオン交換基としてスルホン酸基（強酸性基）やカルボキシル基（弱酸性基）をもつ。陰イオン交換樹脂は第四級アンモニウム（強塩基性基）や第一級，第二級および第三級アミン（弱塩基性基）をもつ。イオン交換基と電解質溶液との間で，イオン成分が吸着と脱離を繰り返すことによってイオン交換分離が起こる。どの樹脂を選ぶかは分離したい物質の表面電荷などの化学的性質や溶液の組成による。すなわち，一般的な金属イオンは陽イオンであるから，そのままでは陰イオン交換樹脂と静電的に相互作用しないが，溶液中の陰イオンとの錯生成により負に荷電した錯イオンになれば陰イオン交換樹脂に吸着させることができる。この吸着力の強弱により，金属イオン同士の分離が可能となる。

　これらのイオン交換樹脂の使い方として，カラム法とバッチ法がある。カラム法は樹脂を柱状（カラム）に充填し，処理したい溶液や溶離液を上から下に通すことで，常に新しい樹脂と接するようにし，交換平衡を一方の側に進行させて他の物質から目的物質を分離し，分析する方法として優れている。分離に影響を与える因子は，溶離液の濃度と種類（塩濃度やpH），溶離液の流量や温度などである。一方バッチ法は，溶液と樹脂を混合してイオン交換平衡に達したところで，溶液と樹脂を物理的に分離する方法である。カラム法に比べて分離効率の点で劣るものの，沈殿を処理する場合などに適している。

　両方法では共通して，樹脂を使用する前にコンディショニングとよばれる準備操作を行う。市販の樹脂には不純物金属や有機物が混入している可能性が高く，これらの除去という洗浄・精製の目的のほか，樹脂を操作前になじませるという目的を兼ねている。不純物の除去には，樹脂の劣化が起こらない程度の濃度の酸やアルカリ液を用い，また，樹脂の交換基を実験に必要なイオン形に整えるために塩溶液を用いる。

　カラム法を用いて少量の試料溶液から目的元素を分離精製することを念頭に手順を示す。まず目的に適した樹脂の選定，および溶離液の液性条件を決める。市販のイオン交換樹脂では既に多くの報告例があり，それらは樹脂を製造している会社のホームページや既往文献を参考にするとよい。少量試料を対象とする分離濃縮試験には，図4.2に示すように，内径10mm程度のスケールの小さいプラスチック製のオープンカラムを用いる。樹脂の充填は，支持台等に垂直に固定したカラムに任意の溶液を張り，そこにコンディショニング済みのスラリー状の樹脂を投入する。樹脂量は吸着容量により変わるが，微量金属イオンの精製では$2 \sim 3\,cm$の厚みがあれば一般的に破過しない。樹脂がカラム内を自然沈降する間に，カラム円筒を小刻みに軽く叩くなどして振動させると，気泡が除去され，より密な充填になる。充填密度の目安はカラム下部からの流下が$1\,cm^3/$分程度で，早すぎず遅すぎずである。気泡が抜けない等，うまくいかなかった場合は，最初からやり直す方がよい。充填後，樹脂上部が漬かる程度に溶

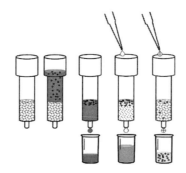

図4.2　イオン交換法による試料溶液中の2成分（黒丸印）の分離例

液を満たしておくことで乾燥を防げる。スポイトやマイクロピペットを用いて，樹脂面を乱さないよう試料溶液をカラムに注入する。カラム下部に容器を置き，カラムのコックを開くと樹脂上面の試料溶液が流下し，樹脂面で流下は自然にとまる。コックを閉め，溶離液をあらかじめ決めた量注入し，新たな空容器をカラム下部に置いて，またコックを開けて溶離液を受ける。

　例として，ある酸性の試料溶液に含まれる微量の Pu を，Dow Chemical 社製イオン交換樹脂 Dowex 1 × 8 を用いてイオン交換法により分離精製する手順を示す。試料溶液は 8M 硝酸であり，Pu の他に U，Fe，Al，Mg を含むとする。イオン交換に先立ち，試料溶液に亜硝酸ナトリウムを添加し，Pu の酸化数を4価に調整した。コンディショニングは，カラム充填した樹脂を，1M NaOH，超純水，0.5M $(NH_4)_2SO_4$，超純水，3M HCl，超純水の順で洗浄し，樹脂に含まれる不純物を除去する。続いて試料溶液を注入し，自然流下させた後，8M 硝酸を 30mL，さらに 10M 塩酸を流下すると，4価 Pu は樹脂に保持される一方，U を始めとする他のイオンはカラムから流れ出る。次に，ヨウ化アンモニウムを含む 10M 塩酸を 30mL 注入することで Pu を3価に還元すると，Pu は樹脂に保持せずに流下するため，Pu を回収することが可能である。

　バッチ法は，試料溶液の入った容器にコンディショニングしたイオン交換樹脂を加えて，吸着平衡反応を進行させる方法である。カラム法と異なり，大量の（必ずしも清澄でない）試料溶液を一括で処理することが可能であるので，同法が粗い水処理作業に用いられることもある。一方，カラム法で用いるための樹脂を選定したり，試料溶液の最適な化学条件を模索するために用いることができる。少量の樹脂と試料溶液を容器に入れ，穏やかに撹拌または振とうした後，樹脂を遠心沈降させ，上澄み液を分析して吸着効果を確認する。吸着平衡に達するまでの一定時間ごとに同様の分析を行うことで，吸着速度を評価することもできる。

　これらの方法以外にも，溶液からの不純物の除去，目的元素の濃縮法として固相抽出法が知られている。イオン交換樹脂やキレート樹脂等の既存分離剤をポリテトラフルオロエチレン（PTFE）繊維で固定化したメンブランディスク型は，迅速化，大容量処理という観点において有効な製品であり，環境試料への応用例が多数報告されている。既存無機分析用分離剤を汎用固相抽出カートリッジに充填した製品も市販されるようになった．これら市販製品のカートリッジフォーマットはカラムに充填されたシリンジ型だけでなく，PTFE繊維に分離剤を含浸・固定化したメンブランディスク型などがある。

4.3　溶媒抽出法

　混じり合わない2種類の溶液，通常は水溶液と有機溶媒を用いる方法で，溶媒抽出法や液液抽出法とよばれる。例えば複数の金属イオンを含む水溶液（水相）から，選択的に目的金属イオンを分離したり，溶液から不純物を除去することができる。これが達成できるか否かは，その着目物質Aの溶媒間の溶解度の差に依存し，分配係数 K_d（(4-1)式）として定量的に表すことができる。

$$K_d = [有機相中のAの濃度]_o / [水相中のAの濃度]_w \qquad (4\text{-}1)$$

　原子力分野で最も知られている適用例は，使用済燃料から U と Pu を回収すると同時に，他の放射性核種（核分裂生成物や超ウラン元素）を廃液として分離するピューレックス（PUREX）法とよばれる方法である（ウランの化学（I）12.7 節参照）[1]。これを参考に，溶媒抽出の手順を例示する。なお，実際のプロセス工程では，溶媒抽出の前に使用済燃料の熱硝酸溶解や不溶解残渣の除去（清澄）が必要である。

　3M 硝酸の試料溶液中で U は 6 価，Pu は 4 および 6 価が共存している。これを抽出容器である分液漏斗，丸底ガラス遠沈管，または耐薬品性のプラスチック製遠沈管に入れ，さらに，リン酸トリブチル（TBP）を n‐ドデカンに約 30% 混合した有機相を等量加える。10 分間激しく振とうすると，U，Pu は硝酸および TBP による親油性の錯体を形成して有機相に移動する一方，残りの金属イオンは水相に留まる。そのため，静置または遠心分離することで相分離し，両者を分離することができる。有機相に抽出された U および Pu は弱酸性の硝酸水相に対して回収（逆抽出）することができるし，還元性の試薬を用いた選択的還元反応により，段階的に逆抽出させて相互分離も可能である。

　溶媒抽出法は，上記のような強酸条件でなくとも適用できる。カルボン酸基やフェノール系水酸基，アミノ基を分子内に複数有する有機配位子をキレート抽出剤とよび，金属イオンと安定な錯体を形成させることで，有機相への抽出が可能となる。手順は基本的に PUREX 法と同じであるが，これらの官能基の酸解離反応との兼ね合いで，試料溶液の金属に配位するので，pH により抽出のされやすさ（抽出率）を制御できる。配位しやすさは金属イオンによって異なるため相互分離も可能である。

　また，（カラム）抽出クロマトグラフィは，移動相である水相と，樹脂やガラス固定相に溶媒抽出法の有機相に準じた親油性の有機配位子が化学結合なしでコーティングないしは固定相の細孔に浸潤したものである。従って，試料溶液中の金属イオンが正抽出と逆抽出を繰り返しながら，カラム上部から下部に移動し，分離が進行するというイオン交換法と溶媒抽出法の双方の特性を有するものである。また原理的に抽出剤が少しずつ水

相に溶脱するため，劣化は避けられないが，簡便な操作で様々な高いイオン選択性を有する製品が数多く実用化されている。

4.4　固液分離
(1) 沈殿生成とろ過

　ウランの分離・精製には，ADU（重ウラン酸アンモニウム）沈殿法が用いられる。この方法の手順を図4.3に示す。まず，(a) のように，試料を，たとえば硝酸に溶解して，ウラニル溶液（UO_2^{2+}）を得る。次に，(b) のように，この溶液にアンモニア溶液（NH_3溶液）を添加して，(4-2) 式のように重ウラン酸アンモニウム（ADU，$(NH_3)_2U_2O_7$）沈殿を得る。予め，溶液にフェノールフタレインのようなアルカリ指示薬を添加しておくと，アルカリ性において赤色を呈色し，反応の終点が分かる。

$$2UO_2^{2+} + 2NH_4OH \rightarrow (NH_4)_2U_2O_7 + H_2O \qquad (4\text{-}2)$$

　最後に (c) では，ADU沈殿をビーカーからろ過器のろ紙上へ移す。この際，ろ紙上へはスポイトや，ガラス棒を用い，ろ紙周辺部へのウランによる汚染を避ける。また，ADUは目詰まりしやすいので，減圧ろ過が望ましい。得られたADUはろ紙ごと，るつぼへ入れ，マッフル炉等で加熱処理してU_3O_8を得る（4.2節参照）。

　ADUは粘着性の黄色沈殿であり，分離・回収作業においては取扱が難しい。そこで，サラサラした過酸化ウラン（UO_4）を用いることがある。ウラニル溶液に過酸化水素水（H_2O_2）を添加すると，(4-3) の反応によりUO_4沈殿を生成する。ADUに比べ，サラサラしており，ろ過分離後のろ紙からの回収も容易になる。

$$UO_2^{2+} + O_2^{2-} \rightarrow UO_4 \qquad (4\text{-}3)$$

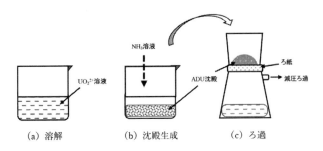

図 4.3　ウラニル溶液からの ADU 沈殿生成とろ過分離

(2) 晶析分離

　前節で述べた方法によれば，多種多様な金属元素を含む溶液からある金属に作用する沈殿剤を添加することで，選択的な分離が可能である。固相沈殿の生成操作は，溶解度の低い化合物を生成させることに他ならない。本節では晶析法とよばれる，常温の溶液内で溶存している金属の溶解度が溶液の冷却により大きく低下する場合に有効な方法について紹介する。原理は前節の沈殿法と同様であるが，沈殿剤を添加して溶解度の低下を目論むのではなく，温度変化による固化（結晶化）反応の促進が駆動力となる点で区別できる。

　晶析の例として，4.3 節で扱った硝酸溶液中のウランについて述べる。この方法は低温晶析法と呼ばれている [2, 3]。プルトニウムや核分裂生成物を含む同溶液をゆっくり冷却していくと，$-20℃〜-40℃$ の温度域で黄色の硝酸ウラニル結晶が析出する。一方，プルトニウムを始めとする他の金属は同温度域で析出しないことから，固液分離によるウランの回収が可能である。なお，Pu 単体で存在する硝酸プルトニウム溶液を $-65℃$ まで冷却すると，水−硝酸の凍結体と粘性の高い Pu 化合物の混合物に変化するが，析出物は得られていない。

　晶析を含む沈殿処理は，実験室レベルでの少量の分離分析の手法として極めて有用である一方，プラント規模では固液分離や固体回収など装置

構成が複雑になる可能性がある。しかし低温処理は，装置や配管の腐食，化学薬品の劣化等が抑制される傾向にあるので，プラント運転時の安全性に優れ，放射性廃棄物発生量の低減にもつながることから，導入による利点欠点を踏まえた検討が必要であろう。

［参考文献］
［1］佐藤修彰, 桐島　陽, 渡邉雅之,「ウランの化学（I）－基礎と応用－」, 東北大学出版会,（2020）
［2］「LOTUS プロセス技術開発（V）－硝酸ウラニル・プルとニウム溶液の低温処理基礎試験－, PNC-TN8410 91-260,（1991）
［3］M. Nakahara, T. Koizumi, K. Nomura, "Behavior of Actinide Elements and Fission Products in Recovery of Uranyl Nitrate Hexahydrate Crystal by Vooling Crystallization Method", J. Nucl. Sci. Tech., 174, 109-118,（2011）

第5章　高温を用いる実験方法

5.1　溶融塩

(1) 溶融塩の種類と性質

　溶融塩には大きく酸化物（硝酸塩，硫酸塩等を含む），フッ化物，塩化物に分けられる。このうち，ウランに関して，金属製造や，電解合成を行う場合には，酸化物は不向きであり，ハロゲン化物の溶融塩，すなわち，フッ化物や塩化物が対象となる。使用温度や粘性などから，アルカリおよびアルカリ土類元素のハロゲン化物が使用できる。一方で，電解等により発生するガスなど，環境に対応できる設備が必要である。表5.1に代表的なフッ化物および塩化物溶融塩の種類と性質を示す。

(2) 実験システム

　ハロゲン化物溶融塩を扱うには，5.2節（c）で述べるように，酸素および水分を制御できるGBとともに，溶融塩を扱うための加熱システムが必要となる。さらに，溶融塩精製を行う場合には，7章で述べる特殊ガスを取り扱うシステムも必要となる。これらを勘案して，図5.1にはハロゲン化物溶融塩を扱うGBの例を示す［3］。GB中央下部に加熱用の反応管を

表5.1　フッ化物および塩化物溶融塩の種類と性質 ［1,2］

構成塩	フッ化物		塩化物	
	LiF-KF-NaF (FLINAK)	LiF-BeF$_2$ (Flibe)	LiCl-KCl	NaCl-KCl
共晶組成 （mol%)	46.5：11.5：42	44.4：55.6	50：50	50：50
（wt%)	33.1：18.4：48.5	30.6：69.4	36.3：63.7	42.0：58.0
融点 （℃）	454	378	352	657
粘性 （mPa·s）	4.1	2.7	1.4	1.5
密度 （g/cm^3）	2.073	1.951	1.6	1.6
電気伝導率 （μ Ω^{-1}·cm^{-1}）	7.09×10^5	4.34×10^5	2×10^6	2.3×10^6

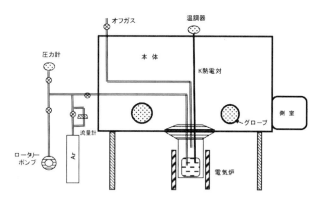

図5.1　ハロゲン化物溶融塩を扱うグローブボックスの例

接続してある。金属製上部蓋と石英製下部反応部はテフロンおよびゴムパッキンを介したクランプで固定してある。蓋部分には，反応管内部の真空排気・ガス置換用のバルブや圧力計と，温度測定用熱電対等の導入管がある。反応管部を石英製にすると，熱伝導が低下するので，グローブボックス内の蓋までは熱くならず，反応管外部からのファンによる空気冷却で行える。反応部は金属製電気炉により加熱し，温度制御する。例えば，GB内で所定の溶融塩用成分を秤量・混合後，るつぼに入れ，さらに反応管内部にるつぼをセットする。蓋をして密閉し，反応管用ガスラインを確立する。反応管内を真空排気，ガス置換して，所定のアルゴン流量で通気する。これ以降，個々の溶融塩に適した精製，加熱等を行い，所定の溶融塩を調製する。また，電極等を用いて，電気化学的測定や電解を行う。以下，個々の例を紹介する。

(3) 溶融塩の調製［2］

（a）LiF-NaF-KF（FLINAK）溶融塩

ここではFLINAKおよびLiCl-KCl塩の調製法について紹介する。図5.2にはLiF-NaF-KF共晶塩（FLINAK）の調製方法例を示す。調製作業はグ

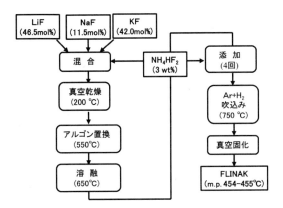

図 5.2　LiF-NaF-KF 共晶塩（FLINAK）の調製方法例

ローブボックス内にて行う。LiF および NaF，KF の高純度試薬を所定量，グラッシーカーボンあるいは白金るつぼに量り取る。フッ化剤としての NH_4HF_2 を少量添加し，石英反応管の下部に置く。反応管に蓋をして，外部より真空引きし，200℃にて乾燥させる。続いて，アルゴン置換し，550℃まで昇温する。このとき，NH_4HF_2 が 250℃付近から分解するので，ゆっくりと昇温する。さらに 650℃まで昇温して，溶融する。溶融状態の確認は，反応管上部蓋より行う。上部に平面ガラス部を設けてプリズムを置くと，内部の状態が確認しやすい。溶融状態の塩に少量の NH_4HF_2 を数回添加し，溶融塩内部の Li_2O など酸化物をフッ化して，精製する。最後に 750℃まで昇温して，アルゴン＋水素混合ガスを吹き込み，その後，真空下炉冷・固化して，白色の FLINAK を得る。調製後の FLINAK について DTA 等にて融点ならびに共晶点以外の相変化がないことを確認する。

（b）LiCl-KCl 溶融塩

　代表的な塩化物溶融塩としては，LiCl-KCl 塩がある。調製方法として以下の 3 つがある。

　　（イ）高純度試薬を購入し，GB 内にて溶解・固化

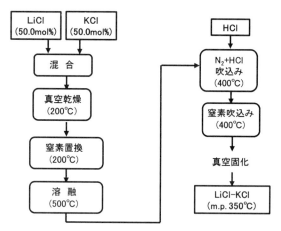

図5.3　LiCl-KCl 共晶塩の調製方法例

　（ロ）上記について溶融状態において HCl を吹き込み，精製

　（ハ）LiCl-KCl（1:1）に混合・溶融・固化した市販の試薬を購入

　（イ）は，各塩化物の高純度試薬を購入し，GB 内にて，開封，混合，溶融，固化するもので，所定の組成の塩を調製することができる。ただし，使用する GB 内の水分レベルが高いと加水分解して，酸素が混入する。このような場合を含めて，調製した塩の精製を行うのが，（ハ）である。図5.3には LiCl-KCl 共晶塩の精製方法の例を示した。高純度試薬を混合，真空乾燥後，昇温して溶融する。次に，HCl ガスを吹き込み，精製する。精製後，窒素を吹き込み，残留 HCl を除去する。その後，真空にて炉冷，固化する。生成物について，TG-DTA 法などで，融点や不純物含有量を評価しておく。最近では，試薬会社より高純度の LiCl-KCl 混合試薬が提供されており，GB 内にて使用できる。大量に必要とする場合に有用である。

(3) 電解採取と電解精製

　原料を溶融塩中へ溶解し，陰極へ金属を析出させる方法が電解採取（Electrowinning）である。これに対し，陽極に粗金属を用いて不純物を除去し，陰極へ高純度金属を析出させる方法が電解精製（Electrorefinning）である。ウランの場合，水溶液電解が難しく，溶融塩を用いて電解するが，その際，ウラン化合物の活性金属還元にて調製した粗金属を用いる。

$$U \rightarrow U^{3+} + 3e^- \tag{5-1}$$
$$UO_2 \rightarrow U^{4+} + 2O^{2-} \tag{5-2}$$

一方，陰極では，イオンが電子をもらって金属となる。

$$U^{3+} + 3e^- \rightarrow U \tag{5-3}$$

また，ウラニルイオン（UO_2^{2+}）が存在する場合は酸化物で析出する。

$$UO_2^{2+} + 2e^- \rightarrow UO_2 \tag{5-4}$$

(a) 高純度ウランインゴットの製造 [4]

　溶融塩電解精製による金属ウランの高純度化について述べる。

　高純度ウランインゴット製造に用いた溶融塩電解精製装置概略図を図5.4 に示す。LiCl-KCl 浴に UF_4 を添加した電解浴を使用している。LiCl および KCl は市販の特級品を，UF_4 は JAEA（旧動燃）で調製したものを使用している。アルゴン雰囲気中，450 ～ 500℃にて予備電解を行い，不純物を除去する。次に，陽極および陰極に原子炉級ウラン金属棒をセットし，槽電圧約 0.2V，槽電流 1.2 ～ 3.3 A で 20 時間通電して，陰極にウランインゴットを得ている。この電解精製により，ウラン金属について99.9％から 99.99％に高純度化している。本法により調製した，純分定量用金属ウラン標準試料（JAERI-U4）の品質については 2.2 節 (b) を参照

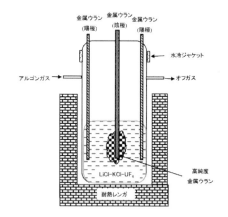

図5.4　ウラン電解精製用溶融塩電解装置概略図

されたい。

（b）電解による UO_2 の製造 [5]

　一般に溶液中の金属イオンを陰極にて還元して金属が得られるが，ウランの場合，ジオキソイオン（ウラニルイオン，UO_2^{2+}）が安定であり，陰極にて還元すると UO_2 が得られる。ここでは，LiCl-KCl 溶融塩中にて UO_2 や UF_4 を陽極酸化溶解して，UO_2 を陰極に回収する例を紹介する。500℃にて溶融 LiCl-KCl 中へ UO_2 あるいは UF_4 粉末を添加する。UO_2 はそのままでは溶解せず，酸化を促進するための酸素と，また，溶融塩の酸化物化を抑制するための塩化水素を必要とするので，$HCl-O_2$ 混合ガスを吹き込む。溶解反応は以下のようになる。UO_2^{2+} の生成により溶融塩は橙色を呈するようになる。

$$2UO_2 + 4HCl + O_2 \rightarrow UO_2^{2+} + 2H_2O + 4Cl^- \tag{5-5}$$
$$2UF_4 + 4HCl + O_2 \rightarrow UO_2^{2+} + 2Cl_2 + 4HF \tag{5-6}$$

溶融塩中の UO_2^{2+} を陰極にて（4-4）式により，黒色の UO_2（O/U 比 =

2.003）を得る。電解条件により，析出形態は針状や，立方型，塊状となる。電流効率は 60 〜 80%，U 収率は 50 〜 70%であった。

5.2　高温化学反応

(1) マッフル炉を利用する加熱実験方法

　空気中の加熱実験では，図 5.5 に示すマッフル炉を使用する。沈殿試料や，ろ過した試料をセラミック製るつぼに入れ，少し蓋を開けて加熱する。このとき，水分の蒸発や試料の分解（硝酸塩では 250℃付近）により体積増加が起こる場合には当該温度付近にて所定時間保持するといった加熱ステップが重要である。重ウラン酸アンモニウム（ADU）の沈殿を加熱処理して U_3O_8 を調製する場合，150℃付近で保持して水分を蒸発させ，次に，250℃付近に保持して，ADU の分解により UO_3 を生成させる。その後，800℃まで加熱し，UO_3 を熱分解させて U_3O_8 を得る。アンモニアや二酸化窒素などのガスを生成する可能性がある場合には通気孔から排気管を設けたり，マッフル炉自体をフードの中に設置して，排気を排気施設へ送るようにする。

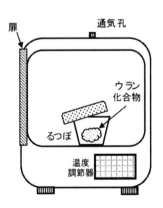

図 5.5　マッフル炉を用いる加熱処理実験概略図

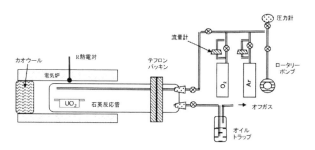

図 5.6　石英反応管を用いる高温実験システム概略図

(2) 石英反応管を用いる高温加熱実験方法

　図 5.6 には，石英反応管を利用する高温加熱システムの概略を示す。この図では一端封じ型反応管であるが，両端型の利用も可能である。石英管の場合には，1100℃が常用であり，1200℃までが限度である。1200℃にて長時間加熱すると，内部の給気管が曲がったりすることがある。加熱には，スーパーカンタルヒーターを用いる。また，K 熱電対（クロメルーアルメル線）は常用 1000℃までであり，1200℃では，寿命が短いため，R 型（Pt-PtRh13％）を使用する。試料を設置後，反応管内を真空排気，アルゴン置換する。アルゴンの通気のみでもよい場合もあるが，系内のデッドスペースに空気が残り，十分に置換されない。UO_2 などを扱う場合には，この残留空気中の酸素により酸化され，不活性雰囲気中でも酸化が進行することになる。また，排気系にはオイルトラップを設け，排気系からの空気の逆流を防ぐ。

(3) アルミナ管を用いる高温実験方法

　1200℃を越えるような場合には，アルミナ管を用いる加熱システムを使用する。システム概略図を図 5.7 に示す。アルミナ管の場合は，両端をゴム製 O-リングによるシール機能をもたせた水冷キャップで固定する。この際，アルミナ管の熱膨張による破損を防ぐために，キャップの片側は可動式としておく。電気炉には，ケイ化モリブデンヒーターを，温度測定には

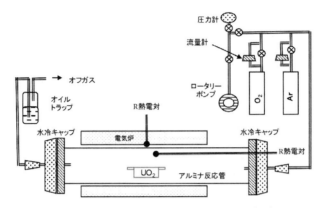

図5.7　アルミナ管を用いる高温実験システム概略図

R型あるいはB型（Pt-PtRh30%）熱電対を用いる。また，石英反応管の場合は炉冷でも構わなかったが，アルミナ管の場合は温度差による熱歪で亀裂が入ることがあるため，昇温速度および降温速度に注意を要する。さらに，生成ガス中に水蒸気が発生する場合には，出口付近に凝縮して，熱歪による亀裂が発生することがあるので，窒素等による希釈により，抑制する。この加熱システムでは1800℃まで対応でき，それ以上では，別の加熱システムが必要となる。

(4) 超高温加熱実験方法

（a）集光加熱法

1800℃以上の高温加熱実験では，ハロゲンランプや高周波といった加熱源を用いる。図5.8（a）にはハロゲンランプを用いる集光加熱炉システムを，(b) には高周波加熱炉システム示す。まず，（a）の場合，縦型石英反応管内部に，試料支持棒や熱電対，ガス置換用バルブ，観察窓等を設置する。アルミナ容器に入れた試料をランプの焦点にくるようにセットする。真空排気，アルゴン置換後，ランプに電流を流して加熱する。温度制御は試料下の熱電対で行う。観察窓より，試料の状態を観察するととも

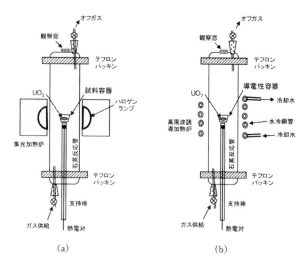

図5.8（a）集光加熱炉および（b）高周波加熱炉を用いる加熱システム

に，光温度計による測定も併用する。ハロゲンランプの代わりに赤外線ランプによるシステムもある。

（b）高周波誘導加熱法［6,7］

　集光加熱法に対し，電磁誘導加熱を利用する溶解法があり，融点1700℃までの金属・合金を，真空中で溶解し，溶けた金属は撹拌されて，均一な組成の合金が得られる。加熱炉は，（b）のようになる。この場合は金属あるいは黒鉛といった導電性容器が必要となり，酸化を抑制するために，真空あるいは還元雰囲気が基本となる。集光加熱および高周波加熱は，加熱体積が小さいが，急速加熱，急速冷却が特徴である。ウランのような放射性物質を扱う場合には，少量で行えるシステムが適している。ここでは，高炉周波炉内での溶融 Zr と UO$_2$ との反応の例を述べる。

　図5.9 には，誘導加熱炉による UO$_2$ および溶融 Zr の実験システムの例

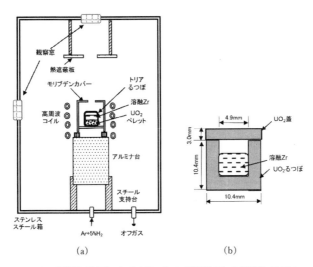

図 5.9　誘導加熱炉による UO₂ および溶融 Zr の実験システム
(a) ThO₂ るつぼ，(b) UO₂ るつぼ

を示す [6,7]。(a) の気密構造のステンレススチール製の反応容器内に
は，UO₂ ペレットを敷いた ThO₂ るつぼを設置してある。内部を Ar + 5 %
H₂ による還元雰囲気に保ち，UO₂ のおよびモリブデンの酸化を抑制して
いる。高周波による誘導加熱により 1900 ～ 2200℃において，溶融 Zr と
UO₂ ペレット表面における Zr の拡散律速による反応を調べている。ま
た，(b) には UO₂ るつぼの構造とサイズを示す。このような実験系を用い
て，るつぼ内面を溶融 Zr と接触させ，溶融 Zr の対流律速による反応を調
べている。Zr の容積は 0.5 cm³ 程度である。本実験系により超高温におけ
る UO₂ と溶融 Zr の直接反応を調べることができるが，ThO₂ や UO₂ の加
工技術（焼結，切削）が必要となる。本実験系はあくまでも還元雰囲気に
限定さており，チェルノブイリ原子力発電所や福島第一原子力発電所事故
のような場合の燃料デブリ生成については，酸化雰囲気における挙動を評
価できる実験系が必要となる。

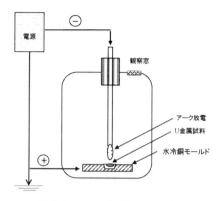

図 5.10　アーク溶解炉の概略図

(c) アーク溶解法［8］

　上記の方法よりさらに高温での溶解法としてアーク溶解法がある。この方法は不活性ガス雰囲気中，タングステン電極（負極）と冷却されたハース（正極）に仕込んだ材料間でアーク放電させ，その熱で溶解を行う。雰囲気により，真空アーク溶解，アルゴンアーク溶解などがある。図 5.10 にはアーク溶解炉概略図を示す。水冷の銅ハース（受け皿）にウラン金属粉や合金成分の金属粉を入れ，ハース側を＋，放電棒側を－として，100 A 程度かけて放電させ，試料を溶解すると同時に，揮発性成分を除去して，精製する。

5.3　活性金属還元

　活性金属還元による金属ウラン製造法については，ウランの化学（I）2.1 節［9］を参照されたい。ここでは，実際に行われた，活性金属還元による金属ウランの製造について紹介する。

(1) ハロゲン化物の活性金属還元［10,11］

　ウランは酸素と反応しやすく，生成 U 金属中の酸素量低減のため，ハロゲン化物を出発原料とする。ここでは（5-7）式に示すような UF_4 の Mg 還元による金属 U 製造について紹介する。

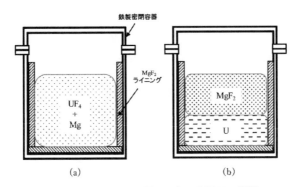

図 5.11　UF₄ の Mg 還元による金属 U の調製

表 5.2　活性金属還元法による金属 U 中の不純物（ppm）

還元剤	P	Cd	Fe	Mn	Ni	Si	Al
Mg	< 0.2	< 0.2	70	13	30	12	30
Ca	--	< 0.1	100-120	< 10	2-3	15-20	< 25
還元剤	Cr	Mg	V	Cu	Pb	S	Ca
Mg	15	30	< 3	11	< 10	< 1	--
Ca	< 6	< 5	< 5	4-6	--	--	< 5

$$UF_4 + 2Mg \rightarrow U + 2MgF_2 \qquad (5\text{-}7)$$

　図 5.11 には還元装置の概略図を示す。内壁に MgF_2 を内壁にライニングした密閉性の鉄製容器を使用する。内部に Mg チップと UF₄ 粉末の混合試料を入れ，蓋で密閉する。容器を 600 〜 750℃に加熱すると，上記の発熱反応が爆発的に進み，数分で反応は終了する。反応後は，溶融状態の金属 U が下に，MgF_2 が上に二相分離するので，機械的に分離して，金属 U を回収する。表 5.2 には，還元剤に Mg および Ca を用いた場合のウラン中の不純物量を示す。両者を通じて，Fe 量が大きく，Mg および Ca 還元ではそれぞれ Mg や Ca の混入が見られる。得られる金属 U の純度は 99.5% 程度である。

(2) 酸化物の活性金属還元 [12]

　次に，Li還元による酸化ウランからの金属U製造について紹介する。LiによるUO_2の還元反応は以下のようになる。

$$UO_2 + 4Li \rightarrow U + 2Li_2O \tag{5-8}$$

　図5.12には還元装置の概略図を示す。本装置はAr雰囲気GB下部に設置してある（図5.1参照）。装置内部には，SUS製の保護容器，るつぼ，メッシュホルダーがある。BNFL社製のUO_2ペレット（天然U，O/U = 2.001）を粉砕し，分級後，40μm以下の粒子を使用している。予め，LiCl（4N）をるつぼにて500℃で10時間保持して乾燥後，650℃にて溶融後，炉冷，固化している。このLiCl上に上記，UO_2入りメッシュホルダーを固定し，LiClを再溶融後，塩中へ引き下げ，UO_2をLiCl溶融塩中へ浸漬する。攪拌して溶融塩中に均等に分散する。ϕ4mm×10mmのLi棒を順次上部より添加し，（4-6）式の還元反応に必要な当量の5倍添加している。反応後，メッシュ上に数mmサイズのU金属を回収している。金属Uについて99.5 - 99.9%の純度と還元率95 - 100%を得ている。U_3O_8の場合には金属材料への損傷もみられ，UO_2の方が金属Uの回収に適していた。このことは，低級化合物からの還元反応の方が，発熱量も小さく，反応系の制御には適していることを示している。

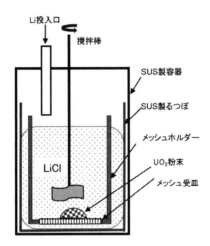

図 5.12　UO₂ の Li 還元による金属 U の調製

[参考文献]

[1] A.L. Mathews and C.F. Baes, Jr., Inorganic Chemistry 7, 373-382, (1968)（FLINAK 等物性値）

[2] 佐藤　譲，「溶融塩の精製法と取扱技術」，表面技術，49, 331-335, (1998)

[3] 溶融塩・熱技術研究会，「溶融塩・熱技術の基礎　第 2 版」，アグネ技術センター，(1993)

[4] 荒井康夫，岩井　孝，中島邦久，白井　理，笹山瀧雄，塩沢憲一，鈴木康文，「溶融塩電解および合金調製用不活性ガス雰囲気グローブボックス並びに内装機器の製作」，JAERI-Tech.97-002, (1997)

[5] 橋谷　博，星野　昭，安達武雄：「純分定量用金属ウラン標準試料 JAERI-U4」，JAEARI-M5343, (1973)

[6] M. Schlecter, J. Kooi, R. A. Charlier, G. L. Dumont, "The Preparaion of UO2 by Fused Salt Electrolysis Using UO2 or UF4 as Starting Matyerial," J. Nucl. Mat., 15, 189-200, (1965)

[7] K. T. Kim, D. R. Olander, "Dissolution of uranium dioxide by molten zircaloy: I. Diffusion-controlled reaction, J. Nucl. Mater., 154, 85-101, (1988)

[8] D. R. Olander, "Interpretation of laboratory crucible experiments on UO2 dissolution by liquid zirconium", J. Nucl. Mater., 224, 254-265, (1995)

[9] T.Ogata, M. Akabori, A. Itoh, T.Ogawa, "Interdiffusion in uranium-zirconium solid solutions," J. Nucl. Mat., 232, 1125-130, (1996)

[10] 佐藤修彰，桐島　陽，渡邉雅之，「ウランの化学（I）」（−基礎と応用−），東北大学出版会，(2020)

第1部　方法編

[10]清沢暢人,「ウランの製錬について」, 日本鉱業会誌, 84, 993-998, (1968)
[11]中村文男,「ウランの製錬について」, 日本鉱業会誌, 84, 998-1003, (1968)
[12]東芝,「酸化ウランの Li 還元試験に関する研究 II」, JNC TJ84002001-029, (2001)

第6章　真空と雰囲気制御

6.1　真空系

(1) 真空の種類と評価

　真空とは，通常の大気圧（1気圧，1 atm）より低い状態を言い，程度に応じて，減圧状態と真空状態に分ける。減圧状態は，アスピレーターやダイヤフラムポンプなどで到達きる状態とする。ここで1 atmはSI単位で101325 Pa，水銀柱を用いた単位で760 mmHgである。真空状態は，真空ポンプを用いて達成可能な状態とする。真空状態をさらに低真空と高真空に分ける。

　次に，真空状態の評価には圧力計を使用する。測定する圧力変化に伴う現象について，形状変化といった機械的な現象を測定するタイプにブルドン管やU字管真空計，マクラウド真空計がある。次に熱伝導率の変化など気体の輸送現象を測定するタイプとしてピラニ真空計や熱電対真空計がある。さらに高真空測定用に，気体の電離現象を測定するタイプがあり，A－B電離真空計やペニング真空計がある。表6.1にはそれぞれの代表的な真空計の性質を示した。減圧用のブルドン管型圧力計は，表示範囲により，加圧側の圧力測定も可能で，真空排気―ガス置換システムでは必需品である。一方，高真空用の電離真空計は，真空チャンバーのような超高真空装置を使用する場合に不可欠である。

表 6.1　代表的な真空計の種類と性質

種　　類		減　圧　用	低真空用	高真空用
測定現象		機械的現象	気体の輸送現象	気体の電離現象
圧　力　計		ブルドン管	ピラニ真空計	A-B電離真空計
測定範囲	(atm)	$0.01 - 1$	$10^{-3} \sim 10^{-1}$	---
	(Torr)	$10 - 760$	$10^{-3} - 10$	$10^{-10} \sim 10^{-3}$
	(Pa)	$10^3 - 10^5$	$1 \sim 10^3$	$10^{-8} \sim 1$

(2) 真空機器

　表6.2には代表的な真空ポンプの種類と性能を示した。通常の真空排気にはロータリーポンプが排気能力や到達真空度を含めて汎用性が高く，腐食性への対応もあることから適している。高真空を得るためには，拡散ポンプを使用するが，水銀使用はなくなり，オイル使用の，金属製あるいはガラス製拡散ポンプがある。超高真空には，オイルフリーのターボ分子ポンプやイオンポンプがある。ソープションポンプやダイヤフラムポンプは排気能力が高くなく，減圧用である。最近では，ダイヤフラムポンプで，低真空まで排気可能なものまで出ており，オイルフリーであるが，高価格である。

表6.1　代表的な真空計の種類と性質

名　称	原　理	用途・特徴	圧力範囲 (Torr)
ロータリーポンプ	回転体により一定体積の気体を繰り返して排気	一般真空系耐食性雰囲気	$10^3 - 10^{-3}$
油拡散ポンプ	ヒーター加熱によるジェット状拡散オイル分子により気体を輸送・排気	高真空系	$10^{-5} - 10^{-9}$
ターボ分子ポンプ	金属製タービン翼をもつローターの高速回転により気体分子を弾いて排気	高真空オイルフリー	$10^{-3} - 10^{-10}$
イオンポンプ	チタンのゲッター作用により排気	超高真空	$\sim 10^{-10}$
ダイアフラムポンプ	ダイヤフラムの往復運動により排気	減圧用腐食性ガス使用可	$1 \sim 10$
ソープションポンプ	液体窒素冷却した吸着剤へ気体分子を物理吸着・排気	減圧用オイルフリー	$\sim 10^{-9}$

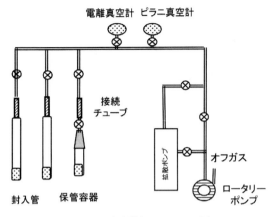

図6.1　真空排気システムの例

(3) 真空システム

(a) 真空排気システム

　真空封入用に使用されるシステムの概略図を図6.1に示す。ここでは，排気用にロータリーポンプとオイル拡散ポンプを，真空測定用にピラニ真空計および電離真空計を有する。低真空用には，ロータリーポンプとピラニ真空計を用いる。高真空の場合には，ロータリーポンプのラインに拡散ポンプを繋げる。低真空側ではピラニ真空計で，高真空領域では電離真空計に切り替え，真空度を測る。GB内にて試料を封入管や保管容器に詰めた後，ピンチコック付きの接続チューブをはめ，外部へ取り出す。この接続チューブを排気用ラインに接続し，ピンチコックをゆっくり開きながら，内部を真空にする。一度に開放すると圧力差で，試料粉末が真空ラインへ舞い上がり，装置全体を汚染する恐れがある。このため，封入直前に当該封入ラインのコックは閉めておくことが望ましい。さらに接続チューブ付近に石英ウールやフィルターなど粉末を捕集する工夫もある。

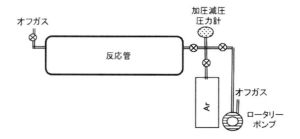

図 6.2　真空排気・ガス置換システムの例

(b) 真空ガス置換システム

　真空封入システムに対し，反応管を含む真空排気・ガス置換システムの例を図 6.2 に示す。ここでは，排気用のロータリーポンプと置換用のガスボンベがある。圧力計は，真空排気時の減圧状態と，ガス置換時の加圧状態がわかるような，ブルドン型圧力計が適する。

　腐食ガス等を扱う場合には，テフロン被覆した圧力計がある。放射性物質を扱う場合には，オフガス系にフィルターあるいはバブリング機能を設けて，飛散を抑制する。

(c) 高真空システム

　レーザーアブレーションや PVD など希薄系での薄膜製造や表面加工を行うためには，高真空システムが必要となる。図 6.3 にはレーザーアブレーション実験を行える，高真空チャンバーを含む高真空システムの例を示す。真空排気系は，ロータリーポンプと拡散ポンプに加えて，分子ターボポンプを備えており，10^{-10} Torr 程度まで排気できる。チャンバー本体の酸素，窒素，水蒸気など機器内部表面への付着気体も排気する必要があり，チャンバー内を加熱するベーキングヒーターもある。一旦高真空に達成後は，内部を常圧に戻すことなく試料交換ができるよう基板交換およびターゲット回転システムがある。レーザーアブレーションにより発生す

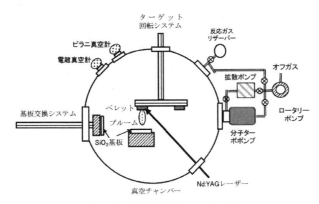

図6.3　高真空反応システムの例

るプルームが基板上に堆積して薄膜を形成する。その際，基板温度や反応時間を変えて，結晶構造や膜厚制御を行える。さらに，窒素やイオウ等を含む反応ガスリザーバー反応ガスを極低圧にて供給することにより，薄膜中への特定元素のドーピングも行うことができる。

6.2　グローブボックス（GB）と雰囲気制御

(1) GB の種類と性質

　GB には，雰囲気や扱う試料の性質など用途に応じて種々のタイプがある。

　(a) 簡易型

　簡易型 GB は，真空排気などの設備はなく，GB 内を不活性ガスにより置換することで，雰囲気を不活性に保つもので，放射性物質等の拡散，汚染を抑制する。図6.4 に置換型 GB の例を示す。本体下部よりアルゴン等不活性ガスを導入し，アルゴンより軽い空気を上方へ追い出して置換する。流路のデッドスペースがあるので，完全置換にはならず，したがって，使用するガスも普通純度（99.9 %）を使用する。側室がある簡易型 GB の場合は，本体部を一旦置換後は，側室を利用して，ガス置換や試料

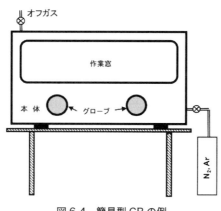

図 6.4　簡易型 GB の例

の搬出入を行えばよいので，作業が簡便になる。内部が減圧にならないので，耐圧構造は不要で，アクリル製など可視型の構造をもつことにより，作業性が改善される。吸湿性の強い試料を扱う場合，梅雨時などは湿度が上昇するので水分を減少させる必要があり，GB 内にシリカゲルや硫酸，リン酸といった吸湿剤を置く。

（b）真空置換型

　真空置換型グローブボックスは，微量の酸素や水分に影響される恐れのある物質や反応ガスを扱う際に使用する。本体あるいは側室に真空排気，ガス置換できる設備を設ける。図 6.5 に真空置換型グローブボックスの例を示す。ここでは側室があるものを示した。本体および側室に真空排気ラインとガス供給用ラインが圧力計とともに設けてある。GB の本体を十分に真空排気し，その後，ガス置換を行う。全体が金属製で，上部をガラスあるいはアクリル製の作業窓で構成する。内部が減圧になるので，耐圧構造が必要で，作業窓枠の補強やグローブ部の真空用カバーと密閉性が必要となる。金属あるいはアクリル製の蓋でグローブの外側より覆い，ネジ締めして，気密性を担保するが，毎回のネジ締め作業は不便かつ

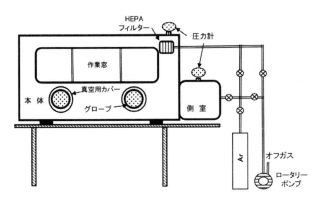

図6.5　真空置換型 GB の例

トラブルが多い。本体部を真空排気・ガス置換後は，側室部のみを複数回，真空排気・ガス置換を繰り返して，酸素および水分量を低減する方が良い。その際，側室の開閉をレバーによるワンタッチ操作方式にすると作業性が良くなる。ここでは，使用するガスも高純度（4N）や超高純度（6N）のガスを使用する。塩化物など吸湿性の強い試料を扱う場合，梅雨時などは湿度が上昇するので，水分を減少させる必要があり，GB 内に，シリカゲルや硫酸，リン酸といった吸湿剤を置く。一方，冬季などは乾燥して静電気により UO_2 などの粉体試料が飛散し，汚染をひろげる恐れがあるので，作業前に，除電器等を使用する。また，排気系に HEPA フィルターを設置することにより，核燃料物質の外部への飛散を抑制できる。

（c）大気圧型 GB

　GB 内の酸素や水分をさらに低減させるために，触媒を用いて制御する大気圧型 GB があり，図6.6 にその例を示す。ここでは，超高純度ガス（6N）を使用する。本体外部に触媒を含む精製装置を取り付け，本体─精製装置間でガスを循環して精製する。このため，本体を使用する前に超高純度アルゴンにて十分に置換しておけば，漏洩さえなければ，高純度ガス

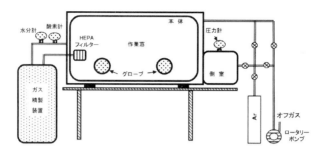

図 6.6　大気圧型グローブボックスの例

雰囲気は保たれる。従って，本体自体は常圧下での使用なので，耐真空仕様である必要はなく，側室のみ，真空置換型となる。このため，作業窓をチャンバー全体に広くすることができ，作業性が向上する。さらに，小型器具や少量試料については，小型のミニチャンバーがあれば，大容量の側室を使用する必要はなく，簡便に短時間で真空ガス置換を行い，GB 内搬入でき，作業性が大幅に改善される。酸素は金属銅の酸化により酸化銅として固定し，水分はモレキュラーシーブにより吸着する。酸化銅容器とモリキュラーシーブ容器を別容器にしているものと，両者の粒子を混在させて一括容器にしているものがある。GB の酸素，水分量と触媒能力により雰囲気中の酸素および水分濃度が決まる。高性能 GB の場合，酸素および水分を，それぞれ，0.1ppm 以下に制御できる。精製能力が低下した場合，触媒の再生を行う。酸化触媒の場合，酸化銅を水素で還元して，金属銅に再生する。モリキュラーシーブの場合，吸着した水分を加熱により，蒸発除去する。取扱試料量が多い場合，付着した空気や水分が雰囲気を低下させるので，予め乾燥しておく。GB 内で使用する器具や容器，手袋なども同様の処理を行う。特にティッシュペーパーは保湿量が多いので，使用を避ける。どうしても必要な場合は，予め低温にて十分乾燥しておく。また，グローブの指先のピンホールには注意を要する。酸素および水分濃度が上昇した場合には，原因を調べ対応する。触媒が劣化した場

合には，Ar + H₂ 混合ガスにより酸化銅を金属銅へ還元し，合わせてモリキュラーシーブの加熱処理により水分を排気して再生する。また，排気系に HEPA フィルターを設置することにより，核燃料物質を内部へ閉じ込め，排気系統への汚染を防護することができる。

(2) GB を用いる実験方法

(a) GB 内での試料調製

フッ化物や塩化物など，吸湿性の強い試料を扱う場合には，GB 内にて行う。このような試薬の場合，テープ等により封入されているものや，不活性ガスによりガラス管に封入されているものを使用する方が良い。一方，ハロゲンガスとの反応により合成した場合には，反応管を密封し，そのまま，GB 内に搬入し，内部にて開封して，試料を取り出すことが良い。秤量やペレット成型など，試料を調整後は，試料を保存容器に入れて GB 内にて保管する。長期保管の場合には，封入管に入れて取り出し，外部にて真空封入しておくのがよい。とくに，金属ウランは調製に手間がかかっており，微量酸素とも用意に反応するので，真空封入による保管が望ましい。茶褐色を呈する UO₂ も，微量酸素と徐々に反応して，黒色の酸素過剰 UO₂ となるので，保管には注意を要する。

GB のグローブは，薄く丈夫なブチルゴム製が通常使用される。経年劣化による微細な亀裂は要注意である。ただ，指先など可動部の劣化，作業によるピンホール生成などが起こると，内部の酸素あるいは水分濃度が徐々に上昇してくる。また，グローブ固定用輪ゴムは常時引っ張られており，劣化により亀裂が入りやすい。加圧の際に隙間ができると雰囲気が悪くなる。随時交換する必要がある。

(b) GB 内でのガス反応実験

グローブボックスでは，上記試料調製の他，ハロゲン等特殊ガスを用いる反応実験を行うことができる。吸湿性のある生成物を直接反応後，直接取り扱える他，ウランのような放射性物質にあっては，汚染防止の意味も

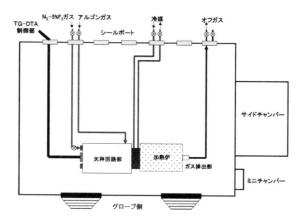

図6.7　グローブボックスにおけるフッ素ガス取扱例

大きい。図6.7にはGBでのフッ素ガスを用いた熱重量分析―示差熱装置（TG-DTA）による反応実験の例を示す。まず，TG-DTA装置本体のガス用配管は通常ステンレス鋼であるが，高温になる加熱部はニッケル製とし，その他，試料保持台，熱電対等は白金製となるよう特別仕様にしてある。TG-DTA装置本体はGB内部に設置し，集合配線を，シールポートを通じて外部の制御系へ接続し，測定できるようにしてある。加熱部と天秤回路部の間は，密着型の空冷仕様であったが，フッ素等反応ガスの漏えいを防ぐために，Oリングを介した，フランジ固定とし，真空排気可能な密閉性を確保している。このため，加熱部から天秤部への熱伝導が良くなり，フランジ部分の冷却が必要である。ここで，水冷とすると，GB内の水分が問題となるので，エチレングリコール冷媒を循環して，冷却している。装置全体には常にアルゴンガスをパージし，天秤部へフッ素ガスが流入しにくくしてある。グローブボックス外部からの反応ガスはニッケル製細管を通して，装置外部を抜け，加熱部の試料部付近に直接，導入されるようにしてある。反応後は十分にアルゴンガスをパージしておく。反応後のガスは，オフガス系へ送られるが，ここでもフッ素の場合にはアルミ

ナ吸着剤を介して，反応吸着させ，アルゴンのみ排気する。特に，揮発性
生成物が，加熱炉の外部の低温部で凝縮すると排ガス管内が狭くなり，内
圧が高まるようになる。このことは，オフガス系のオイルトラップにて定
期的なバブリングが不定期な状態になることでわかる。内圧が上昇する
と，反応ガスが，天秤部へ逆硫し，内部のセラミックや金属部品を腐食し
て，測定不能となる。

6.3　グローブバッグおよびその他の雰囲気制御

(1) グローブバッグ

(a) 種類

　その他の簡易的な雰囲気制御にグローブバッグ（グローブチャンバー）
を使用する方法がある。試料・器具の導入部の有無や，真空置換チューブ
の有無と位置により幾つかのタイプがある。図 6.8 に代表的なグローブ
バッグの種類を示す。(a) は手袋とは反対側の部分より，試料・器具を入
れ，とじ棒にビニール部を巻き付け，ホルダーで気密性を保つ方法であ
る。真空置換チューブにコック付きのテフロンチューブ等を配管し，真
空・ガス置換を行い，置換後はコックを閉じて不活性雰囲気を保つ。必要
に応じて，真空・ガス置換回数を増やす。導入部が広く，コンパクトで使
いやすい。(b) は試料等導入部を別に設け，ジップロックにて封入を容易
にしている。真空・ガス置換は反対側より行う。(c) は試料導入部と真空
用チューブを横に配置し，手袋部分での操作性を改善している。全体的に
大きくなり，スペースを必要とする。

(b) 使用方法

　ウラン等を使用する例を紹介する。金属ウランとヨウ素との反応により
四ヨウ化ウラン（UI_4）を合成する場合，ヨウ素が金属材料と容易に反応
するので，GB 内での使用は控え，グローブバッグ内で調製する。事前準
備において，グローブバッグをフード内に設置し，真空・ガス供給ライン
と接続する。必要なものを図 6.9 に示した。試料として，所定量のヨウ素

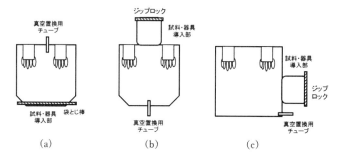

図6.8　グローブバッグの種類

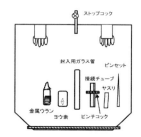

図6.9　グローブバッグでのウラン試料合成の事前準備

の入った試薬容器と，金属ウランを封入した封管を用意する。使用器具等は，封入用ガラス管，接続チューブ（ピンチコック付き），ヤスリ，ピンセットである。これらを図のように入れ，閉じる。ストップコックから真空に排気する。バッグが縮みきったところで，速やかにアルゴンに切り替え，所定の体積まで供給する。真空排気・アルゴン置換を数回繰り返す。ストップコックからガスラインを外し，作業を始める。金属ウランおよびヨウ素を封入用ガラス管にいれ，接続チューブで封じる。このときピンチコックが閉まっていることを確認する。作業終了後，封入用ガラス管を取り出し，真空ラインに接続して，真空封入する。

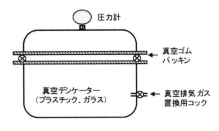

図6.10　真空デシケーターの例

表6.3　混合ガスによる酸素分圧制御の例

混合ガス	Ar + H$_2$	CO/CO$_2$	H$_2$/H$_2$O	Ar + H$_2$O	Ar + O$_2$
P(O$_2$)（atm）	10^{-20}	$10^{-19} - 10^{-6}$	$10^{-18} - 10^{-5}$	$\sim 10^{-3}$	$10^{-2} - 10^{-0}$

(2) 真空デシケーター

　このほか，真空あるいは所定の雰囲気に制御して試料を保管する容器としては，真空デシケーターがある。図6.10に例を示す。材質はガラス製あるいはプラスチック製のものがある。蓋部分に圧力計があり，真空排気時あるいはガス供給時に，急激な圧力変化を起こさないようチェックできる。ゴムパッキンの劣化により徐々に真空が劣化し，空気が混入する恐れがあるので，長期保管の場合には，不活性ガスで常圧にしておくのが良い。

(3) 混合ガスによる雰囲気制御

　(a) 混合ガスによる酸素分圧制御

　種々のガスの混合により極低酸素分圧から，100%酸素雰囲気を調整できる。表6.3にそれらの例を示す。CO/CO$_2$はCOの毒性が，H$_2$/H$_2$OではH$_2$の爆発性が問題となる。

表6.4　反応性ガスによる雰囲気制御の例

雰囲気	混合ガスの例	注意点
フッ素	Ar + F$_2$, Ar + HF, Ar + IF$_5$	腐食性，毒性
塩　素	Ar + Cl$_2$, Ar + HCl, Ar + CCl$_4$	腐食性，毒性
臭　素	Ar + Br$_2$, Ar + HBr	腐食性，毒性
イオウ	Ar + H$_2$S, Ar + CS$_2$	発火性，毒性
窒　素	Ar + N$_2$	窒息性
炭　素	Ar + CO	毒性

（b）反応性ガスによる雰囲気制御

　表6.4には不活性ガスと反応性ガスの混合ガスによる雰囲気制御の例を示す。フッ素のような反応性の強いガスは一方で腐食性があり，取扱に注意を要する。ここではそれらの例をあげるにとどめ，詳細は，第7章の特殊ガスによる反応実験を参照されたい。

（4）　マニフォールドを利用した不活性雰囲気制御

　低原子価ウランなど空気や水分との反応しやすいものを取り扱う便法としてマニフォールドを利用する方法がある。図6.11に二重マニフォールドを示す。A管もしくは，B管には，逆止弁付きバブラー（図6.12）を経由した不活性ガスもしくはトラップを経由した真空系を接続し，二路二重斜めコックにより両路を切り替える仕組みになっている。これにより容器の真空脱気，不活性ガス置換が容易に行うことができる。A, Bには，バブラー経由で不活性ガスに接続もしくは，トラップを経由した真空系を接続する。さらに，三方コック付きフラスコやシュレンク管（図6.13）などの容器を利用する方法もある。

　脱水溶媒の移送には，カニュレ（図6.14）を利用して移送先の容器を減圧もしくは，移送元の容器を加圧（移送先の容器に圧抜きの注射針を刺しておく）することで，比較的容易に不活性雰囲気下での溶液実験が可能

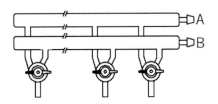

図 6.11　二重マニフォールド

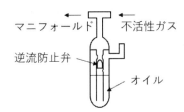

図 6.12　逆止弁付きバブラー

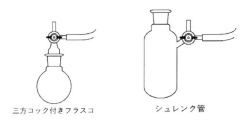

図 6.13　三方コック付きフラスコ，シュレンク管

図 6.14　カニュレを利用した溶液の移送（移送先の容器をあらかじめ減圧する場合）

で，習熟すれば GB を利用するよりも機動性も高いため，処理後の実験も行いやすい。[3,4]

［参考文献］
［1］佐藤修彰，桐島　陽，渡邉雅之，「ウランの化学（I）」（−基礎と応用−），東北大学出版会，（2020）
［2］D. F. Shriver. M. A. Drezdzon, "The Manipulation of Air-sensitive Compounds", 2nd ed., John Wiley & Spms. (1986)
［3］後藤俊夫，芝　哲夫，松浦輝男　監修「有機化学実験のてびき（I）−物質取扱い法と分離精製法」（−基礎と応用−），化学同人，（1988）
［4］J. Leonard , G. Procter , B. Lygo「研究室で役立つ　有機化学反応の実験テクニック−実験の基本から不活性ガス下での反応操作まで−」，丸善（2012）

第7章　ガラスを用いる実験方法

　試料の合成や，吸湿性等の化学物質の保存にはガラス製品が不可欠であり，石英ガラスやパイレックスガラスの取扱，加工に関する技術が必要となる。ウラン等放射性物質の場合には，さらに，汚染防御や被ばく低減の工夫が必要となる。

7.1　ガラスの種類とガラス管 [1-4]

(1) ガラスの種類と性質

　表 7.1 には理化学器具用ガラスの種類と性質を示す。石英ガラスは石英（シリカ，SiO_2）そのものであり，シリカが分解する 1200℃程度まで使用可能であるが，封管実験のように減圧下にて使用する場合には，1000℃以下でも軟化により変形するので，注意を要する。96%ケイ酸ガラスは，石英ガラスより低価格であるものの石英ガラスと同程度の温度での加工を必要とする。酸化鉛およびアルカリ金属酸化物を添加して高い膨張率と低温加工が可能なソーダガラス（軟質ガラス，並ガラス）がある。金属類と膨張係数が近く，金属線の封入に不可欠であるが，熱膨張により割れやすい。加工性と，温度差安定性を考慮した硬質ガラスが開発されたが，軟化点付近における粘性の変化が大きく，加工性に課題がある。この点を改良したホウケイ酸ガラス（パイレックスガラス）が理化学用ガラス広範囲に利用され，フラスコ類等の製品他，反応管等細工用ガラス管として使用されている。この他，並ガラスとパイレックスガラスの中間にウランガラスが相当する。ウランガラスの成分については，ウランの化学（I）14.2 節 [5] も参照されたい。

　実際にガラス細工を行う際には，膨張係数と除歪温度が重要となる。表 7.2 に各種ガラスの徐歪温度と線膨張係数を示す。石英はもっとも膨張係数が小さく，ガラス細工で急激な加熱を行っても割れないが，粘性が低く，細工には高温を要する。石英にアルカリおよび鉛等を添加して，軟化点を低下させて，低温でも細工できるようにしたものが，軟質ガラス（並

表 7.1　理化学器具用ガラスの種類と性質

種　類		ソーダ ライム	アルミ ホウケイ酸	ホウケイ酸	96%ケイ酸	石　英
化学成分 （wt%）	SiO$_2$	70 − 74	74.7	80.5	96.3	99.5
	Na$_2$O/K$_2$O	13 − 16	6.9	4.2	---	---
	CaO/MgO	10 − 13	0.9	---	---	---
	B$_2$O$_3$	---	9.6	12.9	2.9	---
	Al$_2$O$_3$	1.5 − 2.5	5.6	2.2	0.4	---
線膨張係数（10^{-7}/℃）		80 − 90	49	32.5	8	5.8
常用温度　　　　（℃）		260	280	265	480	540
最高使用温度　　（℃）		---	---	---	650	730

表 7.2　ガラスの徐歪温度と線膨張係数 ［1-4］

種類	軟質	硬質	ホウケイ酸	石英
線膨張係数 （10^{-7}cm/℃）	92	36	32	5.8
下限徐歪温度（℃）	389	486	503	1020
上限徐歪温度（℃）	425	521	555	1120

ガラス，ソーダガラス）である。しかし，軟質ガラスは膨張係数が大きく，熱湯など注いでも割れる。そこで，石英に，無水ホウ酸を添加して，粘性を低下させ，細工しやすく，割れにくくしたものが，パイレックスガラスである。このため，ガラス細工における熱歪を理解するためには，軟質ガラスで細工を覚えるとよい。実際，T字管を並ガラスで製作すると，加熱時の温度差や，細工後の徐歪に気を付けないと，加熱時にガラス管が跳ねたり，冷却後に割れていることがある。軟質およびホウケイ酸ガラスは膨張係数が近く，繋ぐことは可能である。軟質ガラスとホウケイ酸ガラス間，ホウケイ酸ガラスと石英間の繋ぎには，両者の成分を混ぜて作る中間ガラスにて接合できる。ウランガラスは，硬質ガラスに Al$_2$O$_3$ および U$_3$O$_8$ を少量添加したもので，軟質および硬質ガラスあるいはパイレックスガラスの中間の膨張係数をもつ。このため，軟質ガラスとパイレックス

表 7.3　ガラス管の外観と断面の色

	軟質	硬質	ウランガラス	ホウケイ酸	石英
外観	無色	無色	黄緑蛍光色	無色	無色
断面	薄黄	薄黄緑	黄緑	緑	無

ガラスの接合に用いられる。

　実際にガラス管を細工する場合には，混同して細工しないようにする必要がある。外観から判断して，ガラス管の外観および断面は表 7.3 のようになる。ウランガラスの色を口絵 1 に示した。

(2) ガラス細工と道具

　ガラス細工に必要な機器には，ガスバーナーや燃焼ガス，助燃ガスがある。ガスバーナーの代表的なものを図 7.1 に示した。(a) はガス供給管の内部に酸素供給管 1 本からなる単芯バーナーで，中心部の酸素調製棒を出し入れして，炎の大きさに対応した酸素量を制御し，細工用の炎を調整する。(b) はガス管内部に 20 本程度の酸素供給用細管を束ねてある。細い炎のときは，中心部のみの管から酸素を調整する。中程度の炎の場合は内部の 10 本程度の細管から酸素をっ供給して炎を作る。大きな炎の場合には，外部からも酸素を供給して，3 種の酸素供給のバランスを取って，全体に均一な炎を作る。このように，多芯式のもの（例えば木下式バーナー）は小径から大径のガラス管に対応でき，使いやすい。一方，実験システムにおける配管等の繋ぎには，(c) ハンドバーナーを用いる。金属製のものが市販されているが，片手で操作するには重く，また，作業中にガラス管に当たると，ガラス管が割れる。そこで，同様の構造をもつものをガラス管で製作して，使用している場合もある。

　表 7.4 には燃焼ガスとその発熱量，燃焼速度を示す。昔の都市ガス（6B）は，発熱量が小さく，空気との組み合わせでは，パイレックスガラ

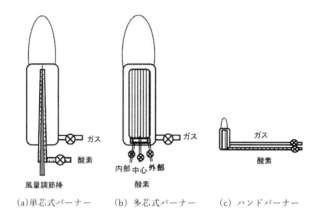

(a)単芯式バーナー　　（b）多芯式バーナー　　（c）ハンドバーナー

図 7.1　代表的なガスバーナーの例

表 7.4　燃焼ガスと発熱量，燃焼速度

	発熱量 （kJ/g）	発熱量 （kJ/mol）	発熱量 （kcal/m^3）	燃焼速度 （cm/s）
都市ガス（6B）	---	---	5,000	
都市ガス（13A）	---	---	10,750	
プロパンガス	49.9	2,220	24,000	25
天然ガス	54.0	---	11,000	30
水　素	141.9	286	12,768	180

スの細工は難しかったが，現在の 13A は天然ガスと同程度の発熱量があ
り，酸素との組み合わせでは，石英ガラスの小径管の細工も可能である。
石英ガラスの細工には水素＋酸素がベストであるが，プロパン＋酸素でも
行える。ただ，プロパンガスの燃焼速度が他のガスに比べ遅く，ガスおよ
び酸素の流量が大きい場合には，しばしば細工中に吹き消える難点がある。
　次に，炎の調整に必要な燃焼ガスと助燃ガスに関して表 7.5 にガラスの
種類と細工に必要なガス類を示す。低温で細工が可能な並ガラスでは，

表 7.5 ガラスの種類と細工に必要なガス類

ガラスの種類	並ガラス	パイレックスガラス 硬質ガラス, ウランガラス	石英ガラス バイコール
燃焼ガス	都市ガス	都市ガス	都市ガス プロパンガス, 水素
助燃ガス	空気	酸素	酸素

都市ガスと空気で細工できるので，空気ボンベあるいは，コンプレッサー，さらには，鞴でも対応できる。鞴の場合は，足踏みのリズムにより，炎の強弱が現れ，また，手首の回転が一定にならず，その結果，ガラスの溶融状態にむらができ，十分な細工ができない。あくまでも均一な炎が得られるように注意する。パイレックスガラスの細工には，都市ガスと酸素が有効である。酸素の代わりに空気を用いても曲げなどの細工はできるが，温度が高まらず十分溶融しない場合には，繋ぎ等に不具合が生じる。酸素を使用する場合でも，燃焼ガスとの混合状態や炎の大きさにより溶融にむらが出て，繋ぎなど十分でなくなる。逆に，温度が高すぎると粘性が低下し，溶融部分のガラス管の中心がずれやすくなったり，ガラスの肉厚が厚くなったりして，均一な細工が難しくなる。石英の場合には，さらに高温を必要とするので，プロパンや水素を用いる。20mmϕ程度のガラス管であれば，都市ガスと酸素で繋ぎはできる。プロパンを使用する場合，圧力の調整と安定な炎の確保に課題がある。水素と酸素を用いると，十分に溶融できるが，ボンベの取扱や，高温のため，火傷等への対応が課題となる。

　最後に，ガラス細工の基本は，いかに細工に適した炎を作るかにある。図 7.2 に炎の調整例を示す。(a) はガス量が多く，空気あるいは酸素量が不足している場合で，外炎と炎芯からなる。温度が低くガラスの溶融は難しいが，軟化点付近での徐歪を行うことができる。(b) が一般的な細工用炎であり，炎芯，内炎および外炎からなり，淡青炎あるいは青炎と呼ばれ

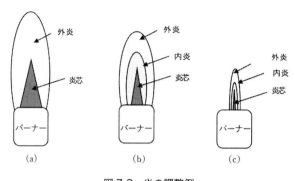

図 7.2　炎の調整例
（a）徐歪用，（b）一般細工用，（c）局所細工用

る。炎芯上部の内炎が溶融に適しており，ガスおよび酸素量（酸素吹き出し口）を調節して，細工の範囲に対応した大きさの均一な炎を作る。(c)は針青炎と呼ばれ，吹き破りなど小範囲の細工に使用する。

(3) ガラス管と規格

　ガラス細工はガラス管が基本となる。パイレックスガラス管の場合には，外径 2mm から 250mm の規格品が，石英管の場合には，外径 2.7mm から 56.5mm の規格品があり，パイレックスガラス管および石英管の長さはそれぞれ，1400 - 1500㎜，1000㎜である。その際，同径であっても肉厚の異なる数種類のガラス管があり，必要に応じて選択して使う。表 7.6 には，外径 10㎜のパイレックスガラス管について肉厚の異なる数種類の規格を示す。この表をみると，同じ外径 10㎜の管に対して，標準管は肉厚がやや薄く，細工中に減肉となり，細工がむずかしくなるとともに，強度が減少する。そこで，実験室のガラス細工には，中肉管 A あたりが使いやすい。これに対し，石英管の場合，表 7.6 に示すように，外径が 10.1mmであり，管径の公差は 0.5mm，肉厚の公差も 0.3mm もある。このことは溶融ガラスからの管引きが容易ではなく，製品むらが多く，パイレックス

表 7.6　外径 10 mm のパイレックスおよび石英ガラス管の規格

	外径	偏差（mm）	肉厚（mm）	偏差（mm）
標準管	10.0	0.2	1.0	0.1
中肉管 A	10.0	0.3	1.2	0.1
中肉管 B	10.0	0.2	1.6	0.15
厚肉管	10.0	0.2	2.0	0.15
石英管	10.1	0.5	0.8	0.3

管にくらべ，石英管は製品が不均一であることを示している。例えば，10.2mm径の穴を通すと，途中で挟まる可能性があることを示しており，注意を要する。

7.2　ガラス細工 [1,6]

(1) パイレックスガラス

　ガラス管の切断法には (a) 手折法，(b) 焼玉法，(c) 当て切り法 (d) 吹き切り法がある。図 7.3 に例を示す。まず，(a) の手折法は，ヤスリより切断箇所に傷をつけて，両手でガラス管を引っ張るようにして折る。外径 15mm 程度までのガラス管について，握る部分を含めた長いガラス管の切断の場合に適用できる。(b) の焼玉法は，ヤスリ傷をつけた箇所の端に高温のガラス玉（焼玉）を付着させ，熱歪により傷付近より亀裂を成長させて，切断する。一端亀裂が入ったら，その先端部に焼玉をあてて成長させれば，太い径のガラス管も切断できる。パイレックスガラスや並ガラスに適用できる。(c) の当て切り法は，(b) とは逆に加熱した部分を急冷することにより周囲と熱歪を生じさせ，亀裂を成長させて切断する方法である。並ガラスなどに限定される。(d) の吹き切り法は，切断部分を細火で加熱・溶融し，急激にブローを入れると当該箇所が膨らんでかつ，肉薄になり，機械的に分離できる。

　ガラス細工の基本は，伸ばし，つなぎ，曲げである。図 7.4 には細工用

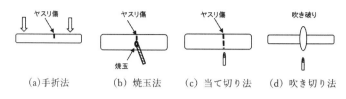

図7.3　切断法の例

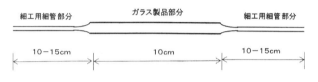

図7.4　細工用ガラス管の伸ばし方

に用いるガラス管の基本単位を示す。例えば外径10mm管を用いて，一端を約15mmほど溶融して，回転しながら伸ばして細工用細管を作る。反対側は，次の細工用の細管部分を必要とするので，30mmほど溶融して，20〜30cmに伸ばす。細管部分の中央を，やすりで擦り，折ると，図のような細工用ガラス管を得る。

　次に，ガラス管のつなぎを行う。上記の細工用ガラス管の中央にヤスリで傷を入れ，焼玉法で二つに切断する。この切断した管を図7.5（a）のように向い合わせ，左右両方のガラス管を回転させながら，先端部を溶融し，押しながら溶着する。細管の片側を封じ，もう一方から吹いて，漏れのないことを確認する。溶着部を溶融し，吹いて肉厚を整える。これを数回繰り返して，肉厚が均一になったら，少し膨らませて，軽く引っ張り，（c）のように継ぎ目を成形する。

　次に，ガラス管のまげと球吹きを行う。曲げの場合には，図7.6（a）のように広範囲を加熱溶融して，肉厚にする。その後引張りながら，所定の角度に曲げる。この際，ガラス管の中心がずれないようにする。また，曲

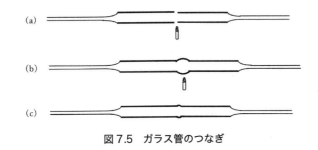

図 7.5　ガラス管のつなぎ

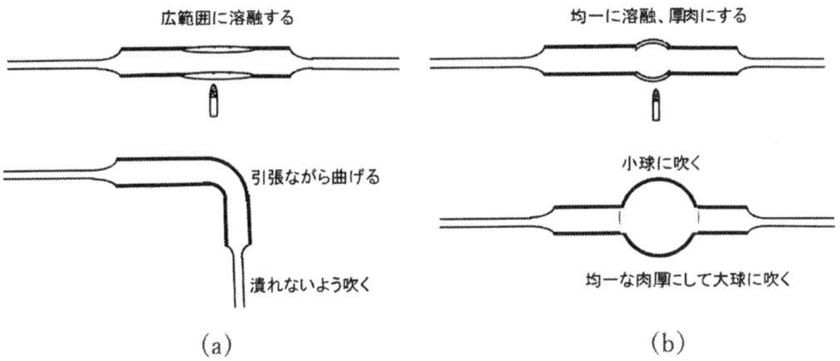

広範囲に溶融する

均一に溶融、厚肉にする

引張りながら曲げる

小球に吹く

潰れないよう吹く

均一な肉厚にして大球に吹く

(a)　　　　　　　　　　　　(b)

図 7.6　ガラス管の (a) 曲げと (b) 球吹き

げると，内部がつぶれるので，吹いて，もとの径にする。図 7.6 (b) に示す球吹きの場合は，中心部を溶融して，厚肉にする。少し吹いて，小球にする。再度溶融して，吹き，徐々に肉厚を均一にしながら，大きな球に吹いていく。

(2)　石英ガラス

　石英ガラス管の細工について，まず，切断する場合は手折法による。手折法により切断できる範囲は，最大 20mm 径程度なので，それ以上の場合には，ダイアモンドカッター等を利用して，切断する。手折法により切断した断面は凹凸がある。これを，鑢等で破砕成形することができるが，石英管は縦に亀裂が入りやすく，注意を要する。次に，伸ばしについては，

パイレックスの場合より高温を必要とし，広範囲の溶融が難しいので，十分な伸ばしはできない。また，パイレックスガラス管より肉薄であり，溶融して伸ばすと，薄肉となり，機械的強度が低下して破損する恐れがある。そこで，接続部分を加熱しながら，左右から押して肉厚にする。その後，吹いて，所定の管径にする。このように石英管の場合は「押しながら引く」という作業になる。曲げについても，溶融から曲げるのは難しく，軟化点を利用しながら少しずつガラス管を曲げていくことになる。

(3) 異種ガラスのつなぎ

　異なる材質のガラスを繋ぐ場合，例えば，硬質ガラスとパイレックスガラスの場合には，そのまま接合しても割れは生じない。しかし，ソーダガラスとパイレックスや，パイレックスガラスと石英のような場合には，直接は接合できない。そこで，膨張係数が両者の中間となるようなガラス管を使用して接合する。ここでは，中間ガラスとしてウランガラスを用いて，ソーダガラスとパイレックスガラスを繋ぐ場合の方法を図7.7に示す。ウランガラスを使用して，それぞれの接合面に少量溶着させて異質ガラス管の割れの発生を抑制している。(a) では，まず，パイレックスガラス管とウランガラス管をつなぐ。(b) では，つなぐ対象の並ガラス管の径に合うようにウランガラス側の一端封じした箇所を吹き破る。(c) では吹き破ったウランガラス管部分に，並ガラス管をつなぎ，(d) のようなばパイレックスと並ガラスのつなぎとする。この場合，先に並ガラスをつなぐと，後のパイレックスの細工の際に軟化する恐れがある。特に，配管系において負荷がかかっていると，曲がりやすい。そこで，例えば，電離真空計をパイレックスガラス製の真空ラインに取り付ける場合は，予め細工台にて，電離真空計の並ガラスにパイレックスをつないでおいて，その後，真空計のパイレックスガラスと真空ラインのパイレックスガラスをつなぐようにする。

　パイレックスガラスと石英のような場合には，単独のガラスがないので，それぞれのガラス粉末を混ぜ合わせて，溶融して，中間ガラスを作製

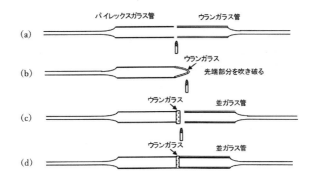

図 7.7　ウランガラスを用いる並ガラスとパイレックスガラスのつなぎ

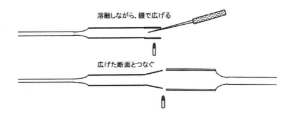

図 7.8　異径管のつなぎ方

する。この中間ガラスで両者を接合するが，中間ガラスが肉厚になると割れるので，薄く加工してあり，機械的に弱いので，注意を要する。

(4) 異径管のつなぎ

　径が異なるガラス管をつなぐ場合を図7.8に示す。まず，細い管の接続部分を加熱し，炎から出して，ピンセット等を差し込み，回転しながら，外へ徐々に広げる。温度が下がったら，再度加熱して，同様にして，太管の径に合うように広げる。その後，つなぐ。

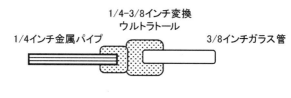

図7.9　金属―ガラス管の接続

（5）金属管との接続

　金属パイプとガラス管を接続する例を図7.9に示す。ここでは，1/4インチ金属パイプを1/4-3/8インチ変換用ウルトラトールに接続する。通常，パイレックスガラス管の場合，外径10mmであり，3/8インチ（9.5mm）には接続できないが，3/8インチガラス管を使用するとウルトラトールを介して，接続でき，真空排気できる。従って，反応管のガス出入口やガストラップの出入口を3/8インチガラスにしておくと便利である。

7.3　封管反応

（1）パイレックスガラス管

　パイレックスガラスを用いる真空封入実験では，ガラス管が軟化して，変形するので，500℃以下で行うことになる。まず，ウラン試料を試料導入管により，ガラス管下部に直接試料を投入する。その後，ピンチコック付きのビニールチューブで封じる。図7.10はパイレックスガラスへ金属ウランと固体イオウとの試料を封入するもので，粉末の飛散防止用に石英ウールを入れてある。（a）は真空排気するところを示す。まず，試料のビニールチューブを排気用ラインに接続し，真空排気後，漏れがないことを確認する。ピンチコックまでを真空に引いて，ピラニ真空計で漏れないことを確認する。一旦，真空バルブを閉じて，ピンチコックを徐々に開け，内部を減圧にする。次に真空ライン側のコックを試料が舞い上がらないようにゆっくりと開ける。ピラニ真空計が下がらなくなってきたら試料の真

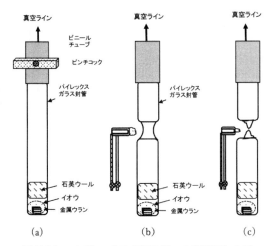

図7.10　パイレックスガラス管への真空封入の例

空排気を終了する。次に，(b)のようにハンドバーナーの大きい炎で，封
入箇所全体をゆっくり加熱する。ガラス管が膨らむようであれば，中止す
る。ガラス管が収縮し始めたら，数センチにわたって，3方向からあぶっ
ていく。管全体がふさがったら，(c)のようにハンドバーナーを強めの小
火にして，封入部分の中心を加熱し，軟化してきたら，最後は溶け落ちる
ようにして離す。このとき，引っ張って鬚状にしない。鬚が折れるとき
に，管に亀裂ができ，真空封入がだめになる恐れがある。臭素のように，
揮発性の試料の場合は，試料部分を液体窒素等冷媒で冷却して，真空封
入する。

(2) 石英管

　石英管を真空封入する場合の手順を図7.11に示す。(a)では，大きい炎
で全体を収縮させる。(b)では収縮した部分をさらに溶融し，封入管下部
をチューブあるいは耐火性手袋で引き，細く絞る。最後に(c)のように
細部を溶融して，切断する。石英管の場合には，パイレックスの場合より

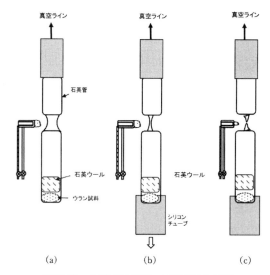

図7.11　石英ガラス管への真空封入の例

高温の作業になるので，耐火手袋等断熱対策を取る必要がある。とくに，石英管を十分に溶融できないと，溶封しているようにみえても中心部にピンホールが残り，切り離す時に，折れて，真空が敗れるようになるので，注意を要する。石英管の場合には，よく加熱溶融して，短時間で封入し，切り離すことが肝要である。また，グローブボックス内にて石英管の内面に付着したウラン試料粉末を除去しておく。内面に付着したウラン化合物は，封入の際に，ゆっくり加熱して除去しておく。もし，急激な加熱によりウランがガラス中に溶融すると完全に溶融せず，ガラスの材質が変化して，十分に溶封できない恐れがある。また，封入作業中にトラブルがあると，汚染につながるので，必ず，試料のない封入管を用いたブランクテストで練習しておくことが必要である。

　次に，石英管を用いた封管反応の例として，ウラン鉄混合酸化物（$UFeO_4$）の調製を紹介する [7]。ここでは図7.12に示すように，出発物質により3種類の合成反応を試みている。ウランの場合，UO_2, U_3O_8およ

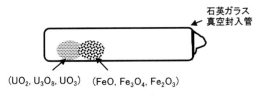

石英ガラス
真空封入管

(UO_2, U_3O_8, UO_3) (FeO, Fe_3O_4, Fe_2O_3)

図7.12 ウラン酸化物と鉄酸化物との封管反応の例

び UO_3 を，鉄の場合には FeO（ウスタイト），Fe_3O_4（マグネタイト）およ
び Fe_2O_3（フェライト）であり，3つの反応が考えられる。

　(7-1) から (7-3) に上記3種の合成方法に対応する反応式を示す。
(7-1) 式ではウランの平均原子価は＋5で鉄は＋3を取る。(7-2) 式では
ウランの原子価は＋4.66で鉄は＋2と＋3を取る。さらに (7-3) ではウ
ランの原子価は＋6で鉄は＋2を取ると考えらえるが，合成した試料はい
ずれも $UFeO_4$ であり，また，いくつかの状態評価の結果から，ウランの原
子価は＋5，鉄は＋3である（ウランの化学 (I) 11.3 節 (3) 参照 [5]）。
通常，U (V) は不安定で，そのようなウラン化合物は稀であるが，この封
管反応では，U^{4+}/U^{5+}，U^{5+}/U^{6+}の酸化還元電位が Fe^{2+}/Fe^{3+}と近く，U^{5+}お
よび Fe^{3+} として電荷のバランスを取った結果，出発物質が異なっても，同
等の化合物を生成したと考えられる。このように真空封管反応では外部雰
囲気の影響を受けず，出発物質のみの反応を調べることができる。

$$1/2UO_2 + 1/2UO_3 + 1/2Fe_2O_3 \rightarrow UFeO_4 \qquad (7\text{-}1)$$

$$1/3U_3O_8 + 1/3Fe_3O_4 \rightarrow UFeO_4 \qquad (7\text{-}2)$$

$$UO_3 + FeO \rightarrow UFeO_4 \qquad (7\text{-}3)$$

［参考文献］
[1] 飯田盛夫，「ガラス細工法－基礎と実際－」，廣川書店，(1984)
[2] 作花済夫他編，「ガラスハンドブック」，朝倉書店，(1982)

［3］ 森谷太郎他編，「ガラス工学ハンドブック」，朝倉書店，（1966）

［4］ 大森潤之助，「日本のウランガラス」，里文出版，（2008）

［5］ 佐藤修彰，桐島　陽，渡邊雅之，「ウランの化学（I）（－基礎と応用－）」，東北大学出版会，（2020）

［6］ D. F. Shriver. M. A. Drezdzon, "The Manipulation of Air-sensitive Compounds", 2nd ed., John Wiley & Spms. (1986)

［7］ X. Guo, E. Tiferet, L. Qi,J. J. Sololmon, A. Lanzirotti, M. Newville, M. H. Engelhard, R. K. Kukkadapu, S. Wu, E. S. Ilton, M. Asta, S.R. Sutton, H. Xu, A.Narvotsky, U (V) in metal uranates: A combined experimental and theoretical study of $MgUO_4$, $CrUO_4$ and $FeUO_4$, Dalton Tans., 45, 4622-4632, (2016)

第8章　反応性ガスを用いる実験方法 [1-8]

　ここでは，フッ素や塩素といったハロゲンを含むガスや，オキシハロゲン化物や硫化物等，特殊な化合物の合成や反応解析のために必要であり，その取扱いには注意を要する反応性ガスについて，取扱方法とともに，ウラン化合物の合成や反応解析に関する例を述べる。

8.1　ハロゲン系ガス

(1) ハロゲンガスの種類と性質

　周期表第 17 族のハロゲンを含むガスは，ハロゲン化物の合成や反応解析に必要であるものの，毒性や腐食性など，取扱に注意を要する特殊ガスが多い。表 8.1 にはハロゲン系ガスの種類を示した。まず，それぞれの二分子気体 (X_2) があり，酸化性をもつ [1]。次に，ハロゲン化水素 (HX) は還元性をもち，金属の原子価を高まらないようにする。三段目はテトラハロメタンである。メタンの 4 つ全ての置換基がハロゲンに置き換わった四置換体であり，$CBr_kCl_lF_mI_n$ の一般式で表される。無機物と有機物の境界にあり，CF_4 は四フッ化炭素とテトラフオロメタン，CF_2Cl_2 は二塩化二フッ化炭素とジクロロジフルオロメタンのように，両方の名称をもつ。代表的なテフロン (CF_4) や四塩化炭素 (CCl_4) がある。CF_2Cl_2 のように複数のハロゲンが置換した CX_mF_n は，酸化物等との反応においては，金属―フッ素結合が一番安定で，結果として，フッ化物を生成する。なお，例えば，一置換体，ヨウ化メチル (CH_3I) は，原子炉過酷事故の際に，水に不溶性でスクラバーでは捕集されず，フィルタードベントでの回収が課題となっている。IF_7 のように複数のハロゲンからなるものをインターハロゲン化合物と称し，低級化によりフッ素を放出するフッ化剤となる。固体の NH_4F や NH_4Cl は，それぞれ，HF および HCl と NH_3 に分解する。なお，HF や Cl_2 は特定化学物質であり，使用にあたっては，特化物取扱主任者の資格や，作業環境測定等を要する。

表8.1　ハロゲン系ガスの種類　[1]

ハロゲン	フッ素	塩　素	臭　素	ヨウ素
X_2	F_2	Cl_2	Br_2	I_2
HX	HF	HCl	HBr	HI
CX_4 CX_mF_n	CF_4 CCl_2F_2	CCl_4	CBr_4	CI_4
NOX	NOF	NOCl	NOBr	---
NH_4X	NH_4F	NH_4Cl	NH_4Br	NH_4I
インターハロゲン	---	ClF, ClF_3	BrF_3, BrF_5	IF_5, IF_7

(2) フッ素系ガスを用いる実験

　表8.2にはフッ素系ガスの種類と性質を示した。フッ素（F_2）および
フッ化水素（HF）が通常使用される。フッ素は極めて反応性が強く，酸
化物や金属と低温から反応し，酸化性をもつので，揮発性を有する高級
フッ化物（UF_5やUF_6）の生成に必要である。逆に低原子価の化合物合成
には不向きである。一方，フッ化水素は，還元性のフッ化剤であり，UF_3
やUF_4のような低級フッ化物の合成に適する。三フッ化窒素（NF_3）はF_2
やHFよりは，腐食性，毒性が弱く，取扱が容易になる。

　フッ化ニトロシル（NOF）は錯フッ化物を合成する際に用いられる
が，反応性，腐食性が強く，取扱が難しい。四フッ化炭素は安定で低温
では反応しない。この化合物の重合体はテフロンであり，耐フッ素材料と
して不可欠である。

　実験を行う際の材料として，フッ素系ガスはガラスと反応するので，基
本的には使用できないが，使用可能な場合がある。フッ化水素は100℃で
も石英管と反応するが，フッ素は300℃までは反応しない。かつ，フッ素
は反応性が強く，低温から反応するので，300℃以下におけるフッ化実験
が可能となる。一方，高温におけるフッ化反応には，金属製の反応ライン
が必要となる。ニッケル，モネル合金（Cu-Ni）が使用できる。ここで
は，低温でのフッ素を用いる合成法について述べたのち，フッ化水素を用

表 8.2　フッ化剤の種類と性質 [1]

フッ化剤	F_2	HF	NF_3	NOF	CF_4
色	薄黄緑	無	無	無	無
臭い	不快臭	刺激臭	無	刺激臭	無
融点（℃）	− 219	− 84	− 209	− 166	− 184
沸点（℃）	− 188	19.5	− 129	− 72.4	− 128
比重（液体）	1.7	1.002	1.533	1.326	1.312（− 80℃）
許容濃度（ppm）	0.1	3	10	---	---

いる高温合成法を紹介する。

（a）F_2 および NF_3 による UF_6 の合成

　フッ化物の合成についてはウランの化学（I）5.1 節（1）述べているように，F_2 との反応により，高酸化状態までフッ化され，UF_6 を生成する。その際，UO_2 や U_3O_8 といったウラン酸化物とフッ素とは〜 200℃で反応する。そこで，上述のように，F_2 とは 300℃までは反応しないので，石英反応管による低温フッ化ができる。例えば，UO_2 を入れた石英ボートを反応管に設置後，真空，アルゴン置換し，200℃にて F_2 ガスを反応させると，生成する UF_6 気体を反応管に連結したコールドトラップに回収し，グローブボックス内で開封後，速やかに保存容器に移し，真空封入して保管する。トラップには白色固体で回収されるが，GB（O_2 < 0.1 ppm，H_2O < 0.1 ppm）内にて取り扱っても薄い黄色に変色する。一方，NF_3 を用いた場合には，以下の反応により，金属や酸化物より 300 〜 400℃において UF_6 を合成できる [9]。

$$U + 2NF_3 \rightarrow UF_6 + N_2 \tag{8-1}$$

$$UO_2 + 2NF_3 \rightarrow UF_6 + N_2 + O_2 \tag{8-2}$$

（b）フッ化水素

ここでは，フッ化水素を用いる高温合成法を取り上げ，UO_3 と HF との反応による UO_2F_2 の合成について述べる。図8.1にフッ素を用いる高温反応装置の例を示す。高温となる反応管部分はニッケル製（30 mm ϕ × 400mm）で，その他，配管は SUS304 製，1/4 インチ径を基本とし，1/2 あるいは 1/8 インチ径管を適宜用いる。その他コック等は SUS304 である。反応ラインパージ用に，アルゴン用マスフローメータ（最大流量 100 ml/min）を，フッ素制御に腐食性ガス製用マスフローメータ（最大流量 100 ml/min）を使用する。真空排気用に耐食性ロータリーポンプを使用し，SUS 製のブルドン管式真空計を用いる。オフガス系には，テフロンオイルのトラップと，固体吸着剤を介して，排気する。フッ素の場合には，アルミナ（Al_2O_3）を，フッ化水素の場合にはフッ化ナトリウム（NaF）を用いる。図8.1に示した反応管部分の詳細図で手順を説明する。ウラン酸化物（UO_2）を入れた Ni ボートを反応管内にセットし，キャップ部分はパッキンを介して密封固定する。キャップに溶接した 1/4 インチニッケル管にコックを介してガス供給ラインおよびオフガスラインに接続する。反応管内を真空，アルゴン置換後，加熱し，所定温度にてフッ化反応を行う。反応後，真空排気，アルゴン置換して，キャップ部のコックを閉じ，反応管部をグローブボックス内へ移動する。GB 内で開封し，生成した UF_4 を保管する。

ウランの化学（I）5.1 節（1）では，湿式および乾式による UO_2F_2 の合成を述べた。湿式法では，U_3O_8 を硝酸に溶解後，フッ酸を添加，乾燥させて UO_2F_2 を得る。一方で，乾式法では上記のように UO_3 と HF とを 350℃にて反応させて，次式のように UO_2F_2 が合成できる。

$$UO_3 + 2HF \rightarrow UO_2F_2 + H_2O \qquad (8\text{-}3)$$

実際，合成法により，得らえる UO_2F_2 の性質が異なる。図8.2には上記方法により合成した UO_2F_2 についてアルゴン雰囲気中での TG 測定結果を

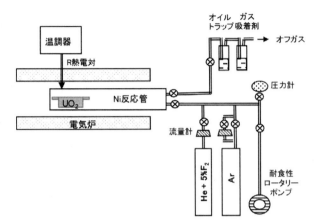

図 8.1　ニッケル反応管を用いる高温反応装置

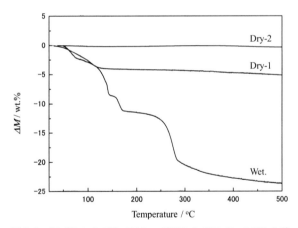

図 8.2　湿式法および乾式法にて調製した UO_2F_2 の TG 曲線

(Wet：湿式法による UO_2F_2，Dry-1：乾式法による UO_2F_2 を空気中にて取り扱った場合，Dry-2：乾式法による UO_2F_2 を GB 中にて取り扱った場合)

示す。この図で，Wet は湿式法による UO_2F_2，Dry-1 は乾式法にて調製後，空気中にて取り扱ったもの，Dry-2 は乾式法にて調製後，アルゴン雰囲気にて取り扱ったものである。この図を見ると，湿式法のものは黄色を呈し，数 10%におよぶ水分を含有していることがわかる。Dry-1 は調整後の取扱において吸湿したものとみられ，黄色を呈し，5 %程度の重量減少がみられる。Dry-2 ではほとんど重量減少がなく，これをさらに 100℃程度に乾燥して得た UO_2F_2 は緑青色を呈し，400℃までは重量変化もなかった。このように，無水物を乾式法により調製しても，調整後の取扱により，UO_2F_2 の品質が影響を受けることがわかる。

(c) その他のフッ化剤

・フッ化アンモニウム

フッ化アンモニウム（NH_4F）は分解して NH_3 と HF となり，HF によりフッ化する。HF ボンベと扱うことなく，固体のフッ化剤として扱る。FLINAK(LIF-NaF-KF) のようなフッ化物溶融塩に，予め NH_4F を添加し，250℃付近より分解して，HF により，Li_2O などがフッ化される。ただし，分解時に 1 モルの固体から 2 モルの気体を生じるので，急激な体積膨張による塩の吹き出し等に注意を要する。

$$Li_2O + 2HF \rightarrow 2LiF + H_2O \tag{8-4}$$

・フッ化ニトロシル

フッ化ニトロシル（NOF）は，反応性の強いガスであり，二酸化窒素（NO_2：沸点 24℃）と無水フッ化水素（HF：沸点 19℃）とを混合して非水溶媒（沸点 52℃）を得る。この溶媒中では以下のように NOF を生成する。NOF が UO_2 と反応して，緑青色のニトロシル六フッ化ウラン（$NOUF_6$, Nitrosyl hexafluoro urinate）を生成する [1]。

$$2NO_2 + 2HF \rightarrow HNO_3 + NO^+ + HF_2{}^{2-} \tag{8-5}$$

$$NO^+ + HF_2^{2-} \to NOF + HF \qquad\qquad (8\text{-}6)$$

$$UO_2 + 6\,NOF \to NOUF_6 + 3\,NO + 2\,NO_2 \qquad\qquad (8\text{-}7)$$

・インターハロゲン

ClF や BrF_3，IF_5 など複数のハロゲンを含む化合物をインターハロゲン（$X_m F_n$，$X = Cl$，Br，I）と称し，分解により低級化するとともにフッ素を放出するので，フッ化剤として利用される。

$$ClF_3 \to ClF + F_2 \qquad\qquad (8\text{-}8)$$

$$BrF_5 \to BrF_3 + F_2 \qquad\qquad (8\text{-}9)$$

$$IF_7 \to IF_5 + F_2 \qquad\qquad (8\text{-}10)$$

例えば，ClF_3 を気体フッ化剤として使用し，UF_6 および PuF_6 を気体として分離・回収できるので，インターハロゲンを利用したフッ化物揮発再処理法が開発された。また，濃縮用遠心分離機の内部に残留する UF_4 や UO_2F_2 といった固体を除染する場合，IF_7 を用いることにより，UF_6 および PuF_6 を気体として分離・回収できる。

$$UO_2 + 3\,ClF_3 \to UF_6 + 3\,ClF + O_2 \qquad\qquad (8\text{-}11)$$

$$UF_4 + IF_7 \to IF_5 + UF_6 \qquad\qquad (8\text{-}12)$$

(3) 塩素系ガスを用いる実験

塩素系ガスを用いる場合について述べる。表 8.3 には塩素系ガスの種類と性質を示した。塩素（Cl_2）および塩化水素（HCl）が通常使用される。塩素は反応性が強く，金属とは低温から反応するもののフッ素とは異なり，酸化物に対しては塩素を十分に置換できず，オキシ塩化物にとどまる。従って，純粋な塩化物を得るには脱酸剤として，炭素等を必要とする。この例として，四塩化炭素（CCl_4）は常温で液体であり，ボンベを必要としないので，実験室レベルでの塩化物合成には取扱いやすい。

表 8.3　塩化剤の種類と性質

塩化剤		Cl_2	HCl	NOCl	CCl_4
色		黄	無	黄（気）赤（液）	無
融点（℃）		− 101.5	− 114	− 59.6	− 22.9
沸点（℃）		− 34	− 85	− 6.4	76.8
密度	（g/L）	3.2（0℃）	1.00045	2.99	---
	（g/cm3）	---	---	1.417（− 12℃）	1.5842
許容濃度（ppm）		0.5	2	---	5

フッ素と同様酸化性をもつので，揮発性を有する高級フッ化物（UCl_5 や UCl_6）を生成する。一方，塩化水素は，還元性の塩化剤であり，UCl_3 や UCl_4 のような低級フッ化物の合成に適する。

　塩化ニトロシル（NOCl）は錯フッ化物を合成する際に用いられるが，反応性，腐食性が強く，取扱が難しい。

　実験を行う際の材料として，フッ素系ガスと異なり，塩素系ガスはガラスと反応しないので，高温まで使用できる。また，容易に真空封入でき，ガラス材を選択することにより低温から高温まで対応できるので，封管反応実験には不可欠である。

　（a）塩素

　塩素は，（8-13）式のように金属と低温で反応し，原子価を高めて高級塩化物を生成する。発熱反応による温度上昇に注意を要する。一方で，酸化物とは反応するものの，オキシ塩化物までで，純粋な塩化物生成は難しい。UO_2 と塩素とを反応させると（8-14）のようにオキシ塩化物を生成する。ここでは酸化により U(IV) から U(VI) へと原子価が増加し，2つの塩素が付加される。

$$U + 3Cl_2 \rightarrow 2UCl_6 \tag{8-13}$$

$$UO_2 + Cl_2 \rightarrow UO_2Cl_2 \tag{8-14}$$

（b）塩化水素

塩化水素は還元性の塩化剤であり，低級塩化物の合成に必要である。金属ウランと反応させると UCl_4 を得る。

$$U + 4HCl \rightarrow UCl_4 + 2H_2 \tag{8-15}$$

（c）四塩化炭素

四塩化炭素は常温で液体であり，高圧ガスラインを要しないので，実験室では扱いやすい。特に，脱酸剤としての炭素があるので，酸化物の塩化に適している。ここでは，四塩化炭素と UO_2 との反応による UCl_4 の合成について紹介する。

$$UO_2 + CCl_4 \rightarrow UCl_4 + CO_2 \tag{8-16}$$

図8.3には四塩化炭素を用いる塩化反応装置を示す。石英ボートに UO_2 試料を入れ，反応管内にセットする。管内を真空排気，アルゴン置換後，アルゴンバイパスのバルブを閉め，CCl_4 容器中へアルゴンガスを通じて，$Ar + CCl_4$ 混合ガスを反応管へ導入する。450℃にて反応させると最初に炉の出口付近に UCl_5 や UCl_6 に相当する茶褐色あるいは橙色の析出物が現れる。その後炉内部に UCl_4 相当の緑色析出物が現れる。この時，炉内では，UCl_4 が生成しており，数 g の UO_2 に対し，6時間程度で全て UCl_4 になる。この段階での生成物は粉末状であり，実際，グローブボックス内のような乾燥雰囲気では，静電気により飛散し，扱い難い。そこで，UCl_4 の揮発によるロスを減らすために，温度を420℃に下げ，10〜20時間程度処理して，粉末 UCl_4 を1mm程度に粗粒化させる。このようにして得た UCl_4 は，GB内でも飛散せず，秤量，移動等の作業が容易になるとともに，汚染も抑制できる。

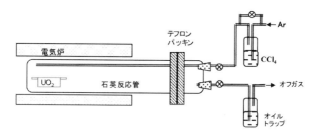

図8.3　四塩化炭素を用いる塩化反応装置

表8.4　臭化剤の種類と性質 [1]

塩化剤		Br₂	HBr	NOBr	CBr₄
色		茶	無	赤	無
融点（℃）		− 7.2	− 86.8	− 56	90
沸点（℃）		58.8	− 66.38	0.24	190
密度	（g/L）	---	3.307	---	---
	（g/cm3）	3.1028	2.159 (− 67℃)	---	3.42
許容濃度（ppm）		0.5	2	---	5

(4) 臭素系ガスを用いる実験

　臭化反応に用いる物質を表8.4に示す。臭素（Br₂）は常温で液体であるが，臭化水素（HBr）および臭化ニトロシル（NOBr）は気体，四臭化炭素は固体である。塩化剤と同様の性質を持つが，臭素は常温において気化―凝縮が起こり，その結果，腐食性が極めて強く，GB内壁や電子機器などへの影響に注意を要する。また，臭素は試薬では褐色のガラスアンプルに封入されているが，開封後は使い切るか，再度，ガラスアンプルに封入して保管する必要がある。NOBrはほとんど使用しない。四臭化炭素は固体であるので，金属試料と封管反応に利用できる。ここでは，臭素あるいは四臭化炭素を用いた封管反応によるウラン臭化物の合成について紹介する。

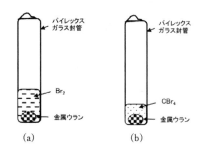

図8.4　金属ウランと臭化剤との封管反応
(a) 臭素の場合，(b) 四臭化炭素の場合

　図8.4 には金属ウランと臭化剤との封管反応について，(a) 臭素を用いる場合，(b) 四臭化炭素を用いる場合の封管内の状態を示した。手順は以下の通りである。金属ウランは予め，希硝酸に溶解して，表面の酸化物を除去後，純水，無水アルコールにて洗浄し，真空乾燥し，直ちにガラス管へ真空封入し，保管しておく。金属ウランを秤量後，封入用ガラス管に入れ，これを臭化剤とともにグローブバッグ内に入れる。真空排気，アルゴン置換後，バッグ内にて，臭化剤を容器から取り出し，封入管内に所定量添加し，ピンチコック付きのゴム管にて上部を封じる。バッグ外に取り出し，真空封入する。臭素の場合には試料部を液体窒素に冷凍して行う。封入後，封管を高温装置に入れ，所定温度にて，長時間反応させる。金属ウランが消失したら，反応終了とみなし，GB 内にて，開封し，取り出す。秤量後，XRD 等により評価し，ウラン四臭化物（UBr$_4$）を調製する。各反応管における反応は以下のようになる。

$$U + 2Br_2 \rightarrow UBr_4 \tag{8-17}$$
$$U + CBr_4 \rightarrow UBr_4 + C \tag{8-18}$$

　次に，合成した UBr$_4$ の精製について述べる。ここでは，図8.5 に示す側

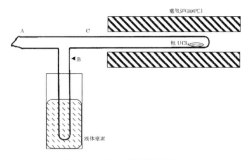

図 8.5　UBr₄ 精製用反応管

管付きパイレックスガラス製反応管を用い，グローブバッグ内にて，金属
U と臭素 Br_2 を入れる。この時，金属ウランは底部に，臭素は側管に入
れ，側管部を液体窒素で冷却し，臭素が蒸発しないように真空封入する。
この反応管を 100℃程度のオーブン中で数週間反応させる。過剰量の臭素
を取り除くため，図 13.5 に示すように，反応管を電気炉の中央に試料部が
くるように置く。次に枝管部分を液体窒素で冷却する。試料部分を 300℃
まで徐々に昇温する。揮発物が発生しなくなったら，加熱を停止する。冷
却後，C 部分を封入する。

(4) ヨウ素を用いる実験

　ヨウ素は固体であり，四臭化炭素の場合と同様は方法で行える。図 8.6
には金属ウランとヨウ素との封管反応の場合を示す。所定量の金属ウラン
およびヨウ素が入った封管を恒温装置にいれ，所定温度にて反応させ，反
応後，グローブボックス内にて開封して，ウラン四ヨウ化物（UI₄）を調
製する。反応は以下のようになる。

$$U + 2I_2 \rightarrow UI_4 \qquad\qquad (8\text{-}19)$$

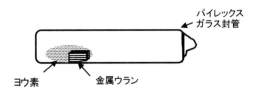

図8.6　金属ウランとヨウ素との封管反応

8.2　イオウ系ガス

(1) イオウ系ガスの種類と性質

　表8.5に主な硫化剤の種類と性質をまとめて示す。固体イオウ（S）は金属と直接反応し，所定組成の硫化物を合成できる。硫化水素（H_2S）は炭素等の汚染がない硫化物の合成に必要であるが，致死に至る毒ガスであり，取扱に最大限の注意を要するとともに，使用は限定すべきである。二硫化炭素（CS_2）は脱酸剤の炭素を含むため，8.1節に記述の四塩化炭素と同様に，酸化物の硫化に適する。しかし，800℃以上の反応では分解した炭素が試料に混入し，特に伝導物性を測定する試料の合成には適さない。チオシアン酸（ロダン酸）による硫化物の合成は可能であるが，危険性がある。また，酸化物にイオウおよび窒素を添加したりするのに，適用できるが，通常の使用には適さない。この場合，CS_2とNH_3の混合ガスによるイオウおよび窒素ドープしたUO_2薄膜の合成例を紹介する。なお，硫化水素は毒ガスであり，取扱にあたっては，酸欠乏・硫化水素危険作業主任者の資格を要する。

(2) 硫化水素ガスを用いる実験

　硫化水素を用いる反応実験のシステムを図8.7に示す。硫化水素ボンベの配管にはSUS304を用いる。反応管キャップのガス導入部には3/8インチパイレックスガラスを用い，ウルトラトールを介して1/4インチSUS管と繋ぐ。反応管およびアルゴン，H_2Sボンベを接続し，真空漏れをチェッ

表8.5　硫化剤の種類と性質 [1]

名称	イオウ	硫化水素	二硫化炭素	チオシアン酸
化学式	S	H_2S	CS_2	HSCN
色	黄	無	無	無
融点（℃）	115.2	− 85.5	− 110.8	5
沸点（℃）	446.1	− 60.7	46.3	− 127.8
発火点（℃）	---	260	90	---
比重（g/cm^3）	2.07（固）	0.001365（気）	1.261（液）	2.04（液）
許容濃度（ppm）	---	1	10	---
即死濃度（ppm）	---	800 − 1000	---	---

クしておく。石英反応管内部にUO_2試料をセットし，真空排気後，アルゴン置換する。H_2Sボンベを開け，検知器（ガス濃度計やガス検知管）にて漏れをチェックする。ArガスとともにH_2Sを所定流量導入する。排気されたH_2Sはテフロンオイルトラップの後にNaOH溶液のトラップで捕集する。H_2Sの吸収により減圧になることを避けるために，必ず，アルゴンを共存させる。反応後はH_2Sボンベを閉め，十分にアルゴンガスで置換しておく。実験中，H_2S検知器で随時チェックする。H_2Sを吸収したNaOH溶液は最終的に亜硫酸ガスを吹き込んで，以下のクラウス反応（Klaus reaction）により固体イオウで回収する。実験室内に硫化水素検知モニターを設置して，常時確認するのも良い。

$$2H_2S + SO_2 \rightarrow 3S + 2H_2O \qquad (8\text{-}20)$$

　硫化水素による硫化の例として，反応管内にレーザーアブレーション法で調製した，UO_2薄膜（黒色）を置いて，H_2Sと1000℃にて反応させると半透明の薄膜となる。生成物のX線回折結果を図8.8に出発物質であるUO_2と比較して示す。反応後にはUOSを生成していることが分かる。CS_2の場合とは異なり，硫化水素による硫化ではUOSの生成までで止まり，

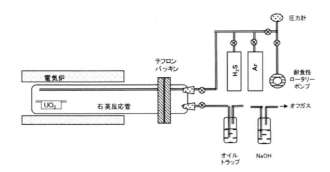

図 8.7 硫化水素を用いる硫化反応装置

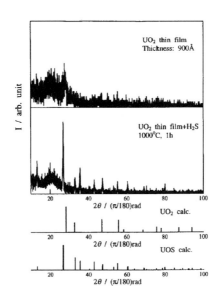

図 8.8 硫化水素との反応前後の UO_2 薄膜の X 線回折結果 [10]

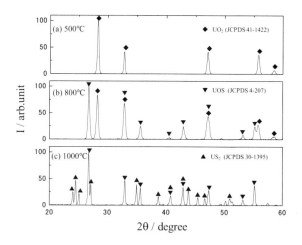

図8.9　二硫化炭素とUO₂との反応生成物

US₂までは進まない。これは，炭素と水素の脱酸能力の違いによる。8.2
(3) で述べるように二硫化炭素を用いると，UOSとUS₂が混在するので，
単相のUOSを得るには硫化水素を用いる必要がある。

$$UO_2 + H_2S \rightarrow UOS + H_2O \tag{8-21}$$

(3)　二硫化炭素を用いる実験

　　二硫化炭素はCl₄同様，常温で液体であるので，図8.3に示した四塩化
炭素を用いる実験装置を使用できる。ガス供給部に二硫化炭素の液体を
入れて使用する。図8.9には，アルゴンガスを二硫化炭素液中にバブリン
グさせて得られるAr＋CS₂混合ガスとU₃O₈とを所定温度にて反応させ
た場合の生成物の粉末X線回折結果を示す。500℃ではUO₂となり，硫化
は起きていない。800℃では，UO₂およびUOS混合物，1000℃ではUOS
とUS₂混合物が生成する。このことは，硫化反応がUO₂を経由して段階
的に進行すること，また，単相の硫化物を得るのが，難しいことを示して

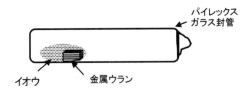

図8.10　金属ウランとイオウとの封管反応

いる。これについてはウランの化学（I）8.1節を参照されたい［2］。

$$UO_2 \rightarrow UOS \rightarrow US_2 \tag{8-22}$$

（4）イオウを用いる実験

　イオウはヨウ素と同様，常温にて固体であり，ヨウ素の場合と同様は方法で行える。図8.10には金属ウランとイオウとの封管反応の場合を示す。所定量の金属ウランおよびヨウ素が入った封管を恒温装置にいれ，所定温度にて反応させ，反応後，グローブボックス内にて開封して，ウラン硫化物を調製する。最初の金属ウランおよびイオウの添加量により，一硫化物（US）や，セスキ硫化物（U_2S_3），二硫化物（US_2）を調製できる。反応は以下のようになる。

$$U + xS \rightarrow US_x \, (x = 1,\ 1.5,\ 2) \tag{8-23}$$

［参考文献］
[1]　日本化学会，「改訂5版　化学便覧基礎編」，丸善出版，（2004）
[2]　佐藤修彰，桐島　陽，渡邉雅之，「ウランの化学（I）－基礎と応用－」，東北大学出版会，（2020）
[3]　無機化学講座第17巻「放射性元素」，17-1ウラン，奥野久輝，木越邦彦，中西正城丸著，丸善，（1953）
[4]　"The Chemistry of Uranium Including Its Applications in Nuclear Technology", E. H. P. Cordfunke, Elsevier Publishing Company,（1969）

［5］ "The Chemistry of the Actinide Elements", Vol.1, Chap. 5, Uranium, Fritz Weigel, (Eds., J.J. Katz, G.T. Seaborg, L. R. Morss), Chapman and Hall, (1986)

［6］ J. C. Taylor, Systematic Features in the Structural Chemistry of the Uranium Halides, Oxyhalides and Related Transition Metal and Lanthanide Halides, Coord. Chem. Rev. 20, 197-273 (1976)

［7］ The Chemistry of Uranium, Part 1, The Element, Its Binary and Related Compounds, J. J. Katz, E. Rabinowitch, McGraw-Hill Book Company, Inc., (1951)

［8］ Lanthanide and Actinide Chemistry, Simon Cotton, John Wiley and Sons Ltd. 2006

［9］ B. McNamara, R. Scheele, A. Koselisky, M. Edwards, "Thermal Reactions of uranium metal, UO_2, U_3O_8, UF_4, and UO_2F_2", J.Nucl. Mat., 394, 166-173, (2009)

［10］N. Sato, H. Masuda, M. Wakeshima, K. Yamada, T. Fujino, J. Alloys Compds, 265, 115-120, (1998)

第9章　汚染評価と除染

9.1　汚染評価 [1]

(1) 汚染の基礎

汚染には，ヒ素のような重金属汚染や，PCB のような化学物質汚染があり，化学毒性が問題となる。これに対し，放射能汚染は，放射性物質による汚染で，その毒性は放射線障害が主であり，これに，化学毒性が付加される。放射能汚染の特徴は，①放射性物質が半減期を有することと，②元素ではなく，個々の核種で異なる壊変をすることである。上記の化学物質の場合，構成元素自体は変化しないが，放射性核種の場合，半減期の長短が汚染の除去を判断する基準となる。例えば，^{99m}Tc や ^{32}P は半減期がそれぞれ 6.01h，14.26d である。半減期の 10 倍経過すると，$(1/2)^{10}$ = 0.0009756 となり，1000 分の 1 以下に低下する。このため半減期が数日程度の放射性核種は，この期間経過後は，汚染除去の対象から外れることになる。実際，^{99m}Tc は人体に投与し検査に利用し，除染が不要であるが，投与直後は放射線量が高く，近隣では被ばくの恐れがある。②の核種により異なる壊変については，α，β，γ 線による被ばくの影響が異なることや，個々の核種の半減期により，壊変する原子数が異なる。このことは，汚染評価の判断のもととなる基準を放射能量（Bq）から放射能濃度（Bq/g）とすると，個々の核種（元素）の比放射能が基準となる。実際，短半減期の核種の比放射能は高く，長半減期核種のそれは低い。半減期 6.01h の ^{99m}Tc の場合，比放射能は 1.95×10^{17} Bq/g となり，下限数量は 1×10^7 Bq であるので，1×10^7 Bq/1.95×10^{17} Bq/g = 0.5×10^{-10} g 以下は汚染対象外となる。しかし，このような極微少量は放射能測定は可能なものの，実際の物量による表面汚染量は 10^{-10} g/cm^2 程度となり，汚染の判断は難しい。そこで，表面汚染密度（Bq/cm^2）を用いて，比放射能から判断する。表面密度限度は原子力規制委員会告示において表 9.1 のように定められている [2]。

表9.1　放射性物質を含む試料の表面密度限度

	表面密度限度（Bq/cm²）
α核種	4
α核種を含まない	40

表9.2　固体表面の汚染様式と汚染状態

固体表面	例	汚染様式	汚染状態
非浸透性	金属，ガラス，塗料，プラスチック	表面汚染	表面物理汚染
			表面化学汚染
浸透性	皮膚，ティッシュ，布，コンクリート	表面汚染	表面物理汚染
			表面化学汚染
		内部汚染	内部非固定汚染
			内部固定汚染

　次に，固体表面の汚染について考える。表9.2には表面の状態と，汚染様式，汚染状態について示す。金属やガラスなど非浸透性の表面の場合には，表面のみの汚染であり，放射性物質が付着しているような物理汚染と，表面物質と反応している化学的汚染がある。また，実験中に使用するティッシュやペーパータオルなどは内部に浸透して，吸収あるいは吸着するもので，非浸透性の場合と同様な表面汚染とともに，内部まで放射性物質が拡散して，固定あるいは非固定の汚染となる。コンクリートは浸透性があるので，法令では，施設内部の壁等の表面には，目地等隙間の少ない，非浸透性かつ腐食しにくい材料で仕上げることとなっている。実際，床面はビニル系の合成床材を，また，壁面にはエポキシ系やビニル系の塗料を用いて，表面を非浸透性にしている。

(2) β，γ線核種による汚染の評価
　ウラン等核燃料物質と中性子との核分裂反応では，核分裂生成物（FP）

表 9.3　β および γ 線用サーベイメータの種類と特徴 [1]

種　　　類		対象放射線	備　　考
電離箱式		β, γ	$0.1\,\mu$Sv/hr $\sim 5\,$mSv/hr
GM 式	アルミ遮蔽有	γ	$1\,\mu$Sv/hr $\sim 300\,\mu$Sv/hr
	アルミ遮蔽無	β, γ	
シンチレーション式		γ	$0.01\,\mu$Sv/hr $\sim 30\,\mu$Sv/hr

が発生する。それらは放射性であり，β 崩壊により安定核種になる。^{137}Cs の場合，半減期 30.08 y であり，β 崩壊により安定な ^{137}Ba となる。崩壊の 95% が ^{137m}Ba となり，半減期 2.55 分で ^{137m}Ba から ^{137}Ba となる際に，γ 線（662 keV）を放出するので，γ 線測定により ^{137}Cs の放射能を検知できる。これに対し，^{90}Sr の場合は半減期 28.79 y で β 崩壊により ^{90}Y（$T_{1/2}$ = 64 h）となり，さらに β 崩壊して安定な ^{90}Zr となるが，γ 線を放出しないので，β 線でのみ検知できる。実際に汚染測定用に使用するサーベイメータを表 9.3 にまとめた。電離箱は広範囲の放射能量に対して測定可能であり，未知の場所の汚染測定に適する。GM 式はアルミ遮蔽材により β 線をカットして，γ 線のみ測定が可能になる。シンチレーション式は測定精度は良いものの，測定範囲が限られており，放射能量が限定あるいは推定される場合に使用できる。従って，上記 ^{90}Sr のみ存在するような汚染場所について，γ 線のみ対象とするサーベイメータで汚染検査すると汚染が検知できない。実際，福島第一原発事故においても構内水溜まりの汚染検査に γ 線用を用い，汚染無しと判断して作業員が入り，被ばくした。

(3)　α 核種，核燃物質による汚染の評価

　ウラン等核燃料物質は α 線を放出するので，予め β，γ 線用サーベイメータで汚染の有無を調べ，汚染箇所について α 線用サーベイメータにより，α 核種や核燃料物質による汚染を確認できる。α 線自体は紙 1 枚でも

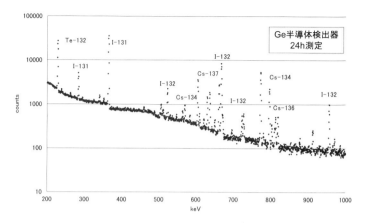

図9.1　福島第一原発事故1週間後の土壌のγ線スペクトルの例

遮蔽されるので，測定にあたっては注意を要する。複数のα核種を使用しており，核種を特定したい場合には当該試料について，真空状態でSi型半導体検出器により，αスペクトルが得られる（ウランの化学（I）11.2放射線計測，図11.6参照）[3]。3日間の測定でも，1000 〜 10000カウント程度であるが，バックグラウンドが10カウント程度と極めて低く，^{238}U（4.20 MeV），^{235}U（4.40 MeV），^{237}Np（4.79 MeV），^{241}Am（5.49 MeV）など，個々の核種のピークを同定・定量し，汚染を評価できる。

（4）外部からの放射性物質による汚染の評価

　ここでは，施設外からの放射性物質による汚染と評価，対応について述べる。福島第一原発事故では，FPが環境中に放出され，広範囲に汚染した。図9.1には，事故1週間後の仙台にある施設付近の土壌のγ線スペクトルである。ここでは，^{134}Csや^{137}Csの他，^{131}Iや，^{132}Te, ^{135}Csといった短半減期核種もみられる。これらを含んだ空気が，施設の給気室に取り込まれ，施設内全体に供給されるとともに，その後，排気される。施設内移

動中にこれら放射性核種が壁等に堆積して，エリアモニターの数値が上昇する。すなわち，管理区域内の全面汚染になる。しかし，これは，放射線作業にともなうものではないので，例えば，放射性物質を使用しない実験室の BG と当該実験室の BG を比較して，汚染の有無を判断する。実際，事故後にはほとんどの管理区域が閉鎖され，実験が何年も停止したが，一部実験のため使用していた施設では，管理区域内の BG の上昇がみられた。

9.2　除染 [4]

(1) 除染方法の分類と効果

　除染については，実験器具など小品や，実験装置など中型物品，さらには実験設備，施設など大型物件が対象となるが，汚染部分，汚染量ともより小さく，少ないことが望まれるとともに，汚染した場合の除染のし易さも重要である。核燃料物質等放射性物質の取扱う場所，スペース，さらには使用量もできるだけ少量で行うことが必要となる。第 2 章「取扱の基礎」にて使用方法を述べているように，具体的には，フードや GB 内にて作業を行う場合に，保護シートを敷くとともに，簡易プレート内にて作業を行い，汚染対象区域を最小限にするとともに，ピンセット，スプーン，薬包紙，試料瓶等の汚染の可能性を減らすよう限定して使用する。また，作業性の悪さから試料を溢し，汚染を起こさないよう適切かつ必要な器具を用いる。

　表 9.2 に示す各汚染に対する除染方法としては，表 9.4 のようにまとめられる。物理汚染に対しては水洗やふき取りがある。水洗は，容器等の内外部の表面に物理的に付着した液体あるいは固体を水等で洗い流す方法である。ふき取りは，例えば，液体あるいは固体（粉末）状の核燃料物質が付着したポリ瓶やガラス瓶などの内面をアルコール含有ティッシュ等でこすり取って除染する方法である。これで取り切れない場合，例えば，UO_2 試料が強固に付着している場合には，1 M 程度の硝酸を該当部分に湿らせ，しばらくしてふき取り，除染を確認する。上記のようなふき取りでも除去できない場合には，当該機器を硝酸溶液等に浸漬して，時間をかけ

表 9.4　表面汚染の除染方法

汚染状態	除染方法	材料等	例
物理汚染	水　洗	洗浄水	使用器具の水洗
	拭き取り	粘着性物質	UO_2 粉末の除去
化学汚染	除去剤除去	無機酸，キレート形成剤，界面活性剤	フード内面付着 UO_2 の硝酸による除去
		酸化チタンペースト	床上の UO_2 汚染
	撤去・取替	構成材料	床材の張替え PC ろ紙の張替え
内部汚染	剥　離	構造材	コンクリート表面層剥離

て，ウラン付着物を溶出させて除染する。溶出後は，当該機器の表面を水洗後，拭き取りにより除染する。化学的汚染に対しては，除去剤を必要とする。硝酸等無機酸により溶解したり，EDTA 等有機酸による遷移金属とのキレート形成や，泡等界面活性剤により放射性物質を分離・除去する方法がある。化学反応だけでは十分に除染できない場合，TiO_2 等粉末を含むペースト状の除去剤により，表面を研磨しながら，放射性物質を分離・除去する方法もある。このようにペーストを用いる方法は，除去効果に優れ，廃液が出ないので，特に，実験台表面やフード内面など高汚染・小面積の汚染除去に適している。チタンペーストの例として，アナターゼ型 TiO_2 粉末に 0.1M HCl で練ったものなどがあるが，乾燥しやすいため，使用直前に調製することになる。

　ガラス器具やフード内面のような非浸透性の状態に対して，コンクリート表面は浸透性表面であり，内部汚染を伴うので，除去剤による除染は難しい。一方，内部への汚染状況は，表面から数mm程度に汚染が留まっていることが多く，表面層を剥離して除染することができる。

　除染回数の効果については，1回目が最も除染効果が大きく，それ以降はあまり変化しない。従って，1回目にどのような除染方法，除去液等を用いるかが重要であり，汚染箇所，区域の汚染状況を詳細に把握すること

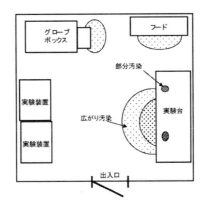

図9.2　実験室における汚染発生の概念図

により，除染を効果的に実施することができる。

　実際に，実験室における表面汚染の発生は，作業ミスや不注意による突発的なものがほとんどである。例えば，図9.2に実験室における汚染発生の状況の概念図を示す。実験台上にて作業中に放射性物質を溢したりすると，部分汚染となる。また，フード内での作業において，粉体などが舞い上がったり，あるいは液体試料を溢したりすると，広い範囲が汚染される広がり汚染となる。その場合，発生場所からの距離により汚染の程度が減少する。部分汚染では当該場所の拭き取りや保護シートの交換で対応できる。

　広がり汚染では，広範囲に及ぶので，まず，サーベイメータ等による汚染範囲および放射能強度の分布を調べ，保護シート交換など適切な除染方法を検討し，実行する。

　また，材料別の汚染除去方法としては表9.5のような例がある［5］。様々な材料に対して，まず，表面を水または中性洗剤にて洗浄して，放射性物質を除去する。次に，材料に対して反応性の薬剤を用いて，表面から剥離回収する。固着している場合には，ウラン酸化物などを硝酸溶液にて溶解させながら，分離・除染することになる。錆などで表面が平らでな

表9.5　材料別の汚染除去方法の例

材　質	汚染除去方法
ステンレス鋼	(1) 水または薄い中性洗剤にて洗浄 (2) 10%蓚酸 – 1% H_2O_2 でブラッシング (3) 上記溶液中にて超音波洗浄
鉛	(1) 水または薄い中性洗剤にて洗浄 (2) 6％硝酸中で 20 分程度洗浄 (3) 20%クエン酸中で 20 分程度煮沸
ガラス	(1) 水または薄い中性洗剤にて洗浄 (2) 4％ 2Na – EDTA でブラッシング (3) 2％ NH_4HF_2 溶液でブラッシング
プラスチック類	ガラス・ステンレス鋼と同様の方法

い場合には，溶液に浸して，超音波洗浄により剥離・除染することも効果がある。除染剤と手袋の材質との化学的安定性も要注意である。手袋にピンホール等がある場合には，毛管現象により，汚染物質を洗浄液とともに手袋内部に取り込み，皮膚表面の放射能汚染や，化学汚染を起こす。特に，皮膚内部に放射性物質が浸透するような場合には，深刻になる。また，布製手袋等防水性の担保されない保護具は表面より内部へ浸透するので，アクリル製手袋等と併用するなど注意を要する。

(2) 除染作業に関する注意

・除去用に使用する溶液の飛沫による二次汚染の防止：除染作業中に使用する無機酸等の飛沫が目や口等の入り，汚染するおそれがあるので，マスク，ゴーグルにより防ぐ。

・作業する手の皮膚汚染と薬剤損傷の防止：薄手ゴム手袋は作業性は良いが，機械的に弱く，亀裂等の発生により，除去液や放射性物質が内部に浸透し，気が付かないうちに皮膚を直接汚染あるいは損傷してしまう。例えば，ゴム手袋を二重にすることは，これらの汚染防止につながる。

・管理区域外への汚染拡散の防止：除染作業後，管理区域から退出する際に，防護服や防護靴などを着替えて，汚染検査を十分に行う。特に，

比放射能の高い物質の除染作業を行う場合には，防護靴による汚染拡散が起こる傾向にあり，必要に応じてはきものを履き替えるようにする。

・汚染廃棄物の適切な管理：除染作業により発生したティッシュ等汚染廃棄物は，放射性廃棄物として，可燃，不燃，難燃等に対応して分類，保管する。β および γ 核種のみの放射性廃棄物は，RI 協会により引取可能であるが，α 核種廃棄物は核燃廃棄物と同様に保管しておく。保管の際に，アルコール等可燃性物質は十分に揮発除去し，発火，爆発，有毒ガス発生等に注意する。

(3) 核燃を含む放射性物質による汚染物の除染

(a) 実験器具

実験に使用したピンセットやスパチュラはアルコール等を含んだティッシュ等でふき取り，除染する。ビーカー等は水洗して除染し，洗浄水は回収する。試料容器についても同様に対応する。内面に固着している場合には，機械的な剥ぎ取りの他，無機酸による溶解など，化学的方法も適応する。

(b) GB 等

GB やフード等大型装置の場合は，内部にある器具や試料，容器類を全て搬出した後，サーベイメータにて汚染の有無を確認する。汚染部分は拭き取り等により除染する。最後に保護シートをはがし，内部を全面スミヤして，汚染の有無を確認する。

(c) 遠心分離機の除染

ウラン濃縮に使用される遠心分離機内においては，気体状の UF_6 を取り扱っているが，低級フッ化物へ分解したり，不純物としての水分と反応して，不揮発性のウラン化合物となり，遠心分離機内部の回転筒や配管表面へ固着することがあり，汚染となる。

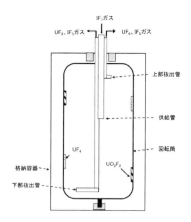

図9.3　遠心分離機の除染例

$$UF_6 + 2H_2O \rightarrow UO_2F_2 + 4HF \qquad (9\text{-}1)$$
$$UF_6 \rightarrow UF_4 + F_2 \qquad (9\text{-}2)$$

　遠心分離機は機微事項の集まりであり，除染後，圧縮，廃棄物とする。また，解体すると，内部のウラン化合物が飛散し，汚染を拡大するため，外部より気体を導入し，ウランともども気体としてフッ化揮発して外部へ分離回収し，除染することが望ましい。フッ化揮発剤としてはインターハロゲンが有効である。ここでは IF_7 を用いた場合の例を図9.3に示す。使用済の遠心分離機のガス導入部より IF_7 を回転筒内部へ供給する。回転筒内部において，金属表面に固着した UF_4 および UO_2F_2 は IF_7 と以下のように反応して揮発性の UF_6 と IF_5 となる。これらを，排気系にて回収して，遠心分離機の内部を除染する。

$$UF_4 + IF_7 \rightarrow UF_6 + IF_5 \qquad (9\text{-}3)$$
$$UO_2F_2 + 2IF_7 \rightarrow UF_6 + 2IF_5 + O_2 \qquad (9\text{-}4)$$

(4)　α核種試料による汚染と除去

　ここでは，α核種を含む固体試料の散乱により実験室床面の汚染が起こった場合について述べる。この対処として，αサーベイメータにより管理区域内の汚染範囲を調べ，汚染箇所を通行禁止にした。汚染は床面であり，試料が粉末だったので，物理的汚染とみなして除染作業を行った。まず，サーベイメータの測定範囲（50mm×150mm）において1分間，カウントがない場合を，汚染なし，それ以上を汚染ありとした。本除染作業では，α核種を含む場合の表面汚染密度限度は$4Bq/cm^2$を十分に下回らせる事を目標とする。汚染があった場合には，アルコール含浸ティッシュにて拭き取り後，再チェックし，必要に応じて数回繰り返す。それでも除染されない場合は，化学的汚染として，硝酸を除去液とした除染を行い，また，必要に応じて，表面を剥離することになる。

9.3　廃止措置に係る汚染除去と廃棄物処理 [4-7]

　放射性物質を扱う施設を廃止する場合，法令で，廃止措置実施方針の策定が必要とされ，公開されている。ここでは，いくつかの廃止措置の中から，除染および廃棄物管理に係る部分を紹介する。なお，放射性廃棄物の分類については2.3節を参照されたい。

(1)　廃止措置に係る核燃料物質による汚染の除去

　(a)　核燃料物質による汚染の分布とその評価方法

　第1種管理区域における汚染形態としては，核燃料物質の接触等に伴う汚染のみであり，放射化汚染はない。第2種管理区域においては核燃料物質による汚染はない。

　(b)　除染の方法

　除染の方法としては，機械的方法又は化学的方法を必要により選択する。想定される除染の方法としては，ウェスによるふき取り，洗浄剤を用いたふき取り，ブラスト除染やはつり等がある。汚染の除去に当たって

は，対象施設・設備の汚染状況等の確認を行い，その結果に基づき，除染の要否及び方法を確定するとともに，放射線業務従事者の放射線被ばくを合理的に達成可能な限り低くするため，施設・設備の解体順番や解体手順を設定する。内部被ばくを防止するために，廃止措置作業に従事する者には，適切な保護衣・保護具を着用させる。

(2) 廃棄する核燃料物質および汚染物の発生量の見込みと廃棄

　核燃料物質によって汚染された物の廃棄について記す。なお，廃止措置において廃棄する核燃料物質はない。

　(a) 放射性気体廃棄物の廃棄

　放射性気体廃棄物を適切に処理するために，放射性廃棄物処理機能，放出管理機能等の必要な機能を有する設備を維持管理する。

　放射性気体廃棄物の放出に当たっては，排気中の放射性物質の濃度の測定及び放射能レベルを監視することにより，排気口において排気中の放射性物質の濃度が「核原料物質又は核燃料物質の精練の事業に関する規則等の規定に基づく線量限度等を定める告示」（以下「線量限度等を定める告示」という。）に定められた周辺監視区域外の空気中の濃度限度以下となるようにする。

　(b) 放射性液体廃棄物の廃棄

　放射性液体廃棄物を適切に処理するために，放出量を合理的に達成できる限り低くするとともに，放射性廃棄物処理機能等の必要な機能を有する設備を維持管理する。

　放射性液体廃棄物の放出に際しては，排水中の放射性物質の濃度が「線量限度等を定める告示」に定められた周辺監視区域外の水中の濃度限度以下であることを排出の都度確認した後，排水口から排出する。

(c) 放射性固体廃棄物の廃棄

　廃止措置を開始する時点で保管している放射性固体廃棄物は，現時点でその数量を見積もることが困難である。加工施設の廃止措置に伴い発生するウラン廃棄物は，現時点においては処分制度等が未整備であるため，除染等処理方法・廃棄物処分方法を選択することができず，廃止措置期間中の放射性固体廃棄物の発生量を見積もることはできない。放射性固体廃棄物の推定発生量は，処分制度等が整備され，除染等処理方法・廃棄物処分方法の検討や，汚染状況の調査結果等を踏まえて評価する。

［参考文献］
[1] 「放射線概論」，柴田徳思編，通商産業研究社，(2019)
[2] 「核原料物質又は核燃料物質の製錬の事業に関する規則等の規定に基づく線量限度等を定める告示」，平成27年原子力規制委員会告示第8号，(2015)
[3] 佐藤修彰，桐島　陽，渡邉雅之，「ウランの化学（I）－基礎と応用―」，東北大学出版会，(2020)
[4] 和達嘉樹，入江正明，「RI実験室の除染マニュアル」，Radioisotopes，53，635-644，(2004)
[5] 原子燃料工業㈱，「廃止措置実施方針」，東許第一18016号改1，(2019) 他
[6] 労働省労働衛生課編，「核燃料物質等取扱業務特別教育テキスト，核燃料施設編」，中央労働災害防教会，(2000)
[7] 日本原子力研究開発機構核燃料サイクル工学研究所，「廃止措置実施方針（核燃料物質使用施設・政令第41条非該当施設)」，(2018)

第10章 環境中のウランと生体への影響

10.1 環境中のウラン

　ウランは地殻成分の一つであることから，土壌や河川・海水等，環境中に広く存在する（表10.1）。畑や水田，森林などの表層土壌には数ppm程度含まれるものがあり，全国的に広く分布している（図10.1）。カドミウムや鉛，ヒ素などの重金属の土壌濃度はそれぞれサブppm，数ppm，数十ppmであり [4, 5]，これらの重金属と比較してかなり身近に存在することがうかがえる。地質的にウランを多く含む花崗岩が分布する地域もあり，人形峠（岡山県鏡野町）や東濃鉱床（岐阜県土岐市）などのウラン鉱山が知られている。

　一方，日本においては表層水のウラン濃度はサブppb〜数ppbであり，河川水レベルは全国を通して低い。2004年に水質汚濁に係る環境基準値が0.002mg/L（2ppb）に設定されたが，それをはるかに下回っている（図10.2）。世界に目を向けると，北欧や北米の一部の地域では地質の関係で地下水にウランを数ppb〜数ppmと高濃度に含む地域があり，これらを飲用したケースでは腎障害を引き起こしたという報告がある [6-9]（次項に詳細　表10.5）。

　自然環境へのウランの負荷には核兵器関連や原子力施設の事故等が考えられる。土壌中のウラン同位体比（^{235}U/^{238}U）を測定することにより，汚染モニタリングが試みられている [11-12]。

表10.1　自然界のウラン濃度

	中央値	範　囲	文　献
河川水	0.0114μg/L	$0.0005 - 0.181\mu$g/L	[1]
海　水	3.1μg/L	$2.9 - 3.3\mu$g/L	[2]
土　壌	2.3mg/kg	$0.17 - 4.60$mg/kg	[3]

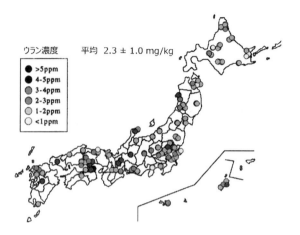

図10.1　日本の土壌中ウラン濃度
文献［3］よりプロット，吉田より提供

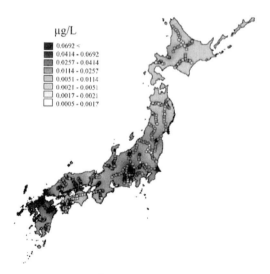

図10.2　日本の河川のウラン濃度［10］

10.2　人へのばく露と影響

　我々のウラン 1 日総摂取量はおよそ 1.1μg/day であり [13]，食事からの寄与率が最も高い（86%）。食物では，河川水より海水ウラン濃度が 100 倍程度高いこともあり，海産物からの寄与率が高い（表 10.2）。1 日の飲水量を 2L として換算しているが，水道水や飲料水中のウラン濃度は低く（表 10.3），飲水からの寄与率は 4% 程度，他に埃（土壌舞い上がり）（9%）などを介して日々我々はウランを摂取している。水銀やカドミウムなどの重金属と比べウランの腸管吸収率は低く，ウラン摂取量もこれら重金属の1/4 － 1/20 程度であり（表 10.4），通常は健康上問題とならない。ウランの耐容一日摂取量（TDI）は 0.2μg/kg/day とされている [20]。

表 10.2　食物からのウラン摂取量 [13]

	ウラン摂取量（μg/day）	寄与率（%）
海　藻	0.55	49.9
魚介類	0.29	25.9
野　菜	0.04	6.7
いも・豆類	0.04	6.4
穀　物	0.03	3.9
肉	0.01	1.3

表 10.3　飲料水中のウラン濃度 [14]

	中央値（μg/L）	範囲（μg/L）
水道水	0.0071	0.00066 － 0.104
容器入り飲料水（国産）	0.0252	0.00107 － 0.344
容器入り飲料水（外国産）	0.602	< 0.00019 － 7.48

表 10.4　重金属との比較

	Hg	Cd	U
1 日摂取量（μg/day）	4.3 [18]	22.3 [19]	1.11 [13]
腸管吸収率（%）	7 － 8 [16]	2 － 8 [17]	1 [15]

表 10.5　ウランによる地下水汚染

年	国	飲料水中ウラン濃度 （μg/L）	症　状	文献
1998	カナダ	2 - 780	尿細管障害指標↑	[6]
2004	フィンランド	0.001 - 1920	尿細管障害指標↑	[7]
2007	USA	886 - 1160	尿細管障害指標↑	[8]
2009	フィンランド	0.2 - 470	尿中ウラン↑	[9]

　一方，自然環境において公衆がウランに許容量以上にばく露されること
もある。地質からのウランによる地下水汚染が散見される。非汚染地域の
数千倍以上のウラン濃度の地下水を慢性的に飲用しており，腎障害に至っ
た症例が報告されている（表 10.5）。人工的なばく露では，兵器として使
用された劣化ウラン弾汚染が記憶に新しい。ウラン鉱山作業や原子力施設
作業では職業性ばく露が問題となる。原子力施設の作業者に関するアーカ
イブは米国ワシントン州立大学で詳細にまとめられている [21]。

　ウランはα線核種であると同時に，電解質の輸送変化 [22, 23] や酸化
ストレスの誘発 [24, 25]，生体成分との相互作用 [26] 等，重金属として
の化学毒性を併せ持つと考えられている。標的臓器（主に毒性を引き起こ
す臓器）は腎臓であり，近位尿細管の部位特異的な損傷を特徴とする。
尿からの物質再吸収の要となる近位尿細管は，糸球体に近い上流から
S1，S2，S3 の3領域に区分されており，領域特有の物質輸送システムを有
する。カドミウムや水銀などの重金属も近位尿細管を標的部位とするが，
カドミウムが S1，S2 の上流領域を標的部位とするのに対し [27]，ウラン
は水銀と同様に下流の S3 領域に特異的に移行し組織変化を引き起こす
（図 10.3）[28, 29]。マイクロビーム分析により腎臓内元素動態を詳細に解
析すると，ウランの S3 領域への部位特異性は無機水銀よりも高かった。

　腎臓中ウラン濃度は職業ばく露限度として ICRP（国際放射線防護委員
会）および NRPB（英国放射線防護庁）では 3 μg/g を採用しているが，

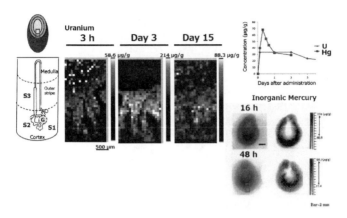

図 10.3　腎臓内ウラン分布［28, 29 一部改変］
（口絵 2-1 参照）

ヒトを対象とする研究や動物実験で最小影響濃度として 0.1 - 0.3 μ g/g が提唱されている［30］。ウランの発がん・晩発影響については，いくつかの動物実験のエビデンスが報告されているものの結論には至っておらず，詳細な検討が望まれている［31］。最近のマイクロビーム元素分析を用いた研究により，腎臓近位尿細管においてウラン濃集部が形成され，それ自身の細胞もしくは近傍の尿細管上皮細胞にα線を付与しうること，また濃集部ウランの化学形変化に伴い酸化ストレスを生じうることが示されている（図 10.4）［32］。このことは，放射線毒性と化学毒性がミクロンレベルで同一部位に起こる可能性があることを意味している。ウラン生体影響における放射線毒性と化学毒性の両者寄与・割合について定量的な解明研究が望まれる。

　ウラン濃集部から近傍の核までの距離（矢印）を赤字で示した。^{238}U からのα線エネルギーは 4.267MeV であり，水における飛程は 27.93μm と算出されることから，ウラン濃集部から近傍核までは射程範囲内にあることになる。

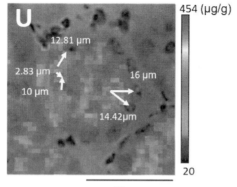

図10.4　近位尿細管におけるウラン分布［32 一部改変］
（口絵 2-2 参照）

表 10.6　内部被ばく核種のリスク比較 ［33］

		^{131}I	^{137}Cs	^{90}Sr	^{238}U
比放射活性（Bq/g）		4.60×10^{15}	3.21×10^{12}	5.07×10^{13}	1.24×10^{4}
実効線量係数 (Sv/Bq)*	経口	2.2×10^{-8}	1.3×10^{-8}	2.8×10^{-8}	4.4×10^{-8}
	吸入	1.1×10^{-8}	6.7×10^{-9}	3.0×10^{-8}	5.8×10^{-7}

＊すべてタイプ F で比較

10.3　放射線防護

　ウランは ^{131}I，^{137}Cs，^{90}Sr などの主要内部被ばく核種と比較して比放射活性は非常に低いが，α 線核種であることから内部被ばくリスクは高く見積もられている。特に吸入摂取に関しては，これらの核種に対し1桁から2桁高い実効線量係数が与えられている（表10.6）。

　ウラン化合物はその化学的性質から体内への吸収速度が異なる。可溶性化合物は吸収が早い「タイプ F」，難溶性の化合物は吸収速度が中位である「タイプ M」，不溶性化合物は吸収の遅い「タイプ S」に分類され

表 10.7　体内吸収に係る U 化合物の分類 [33]

タイプ	吸収速度	可溶性	化合物
F	早い	可溶	UF_6,　UO_2F_2,　$UO_2(NO_3)_2$ など
M	中位	難溶	UO_3,　UF_4,　UCl_4 など
S	遅い	不溶	UO_2,　U_3O_8

表 10.8　ウラン核種の実効線量係数 [33]

核種	タイプ	吸入摂取		経口摂取	
		f_1	実効線量係数（Sv/Bq）	f_1	実効線量係数（Sv/Bq）
^{234}U	F	0.02	6.4×10^{-7}	0.02	4.9×10^{-8}
	M	0.02	2.1×10^{-6}	0.002	8.3×10^{-9}
	S	0.002	6.8×10^{-6}	−	−
^{235}U	F	0.02	6.0×10^{-7}	0.02	4.6×10^{-8}
	M	0.02	1.8×10^{-6}	0.002	8.3×10^{-9}
	S	0.002	6.1×10^{-6}	−	−
^{238}U	F	0.02	5.8×10^{-7}	0.02	4.4×10^{-8}
	M	0.02	1.6×10^{-6}	0.002	7.6×10^{-9}
	S	0.002	5.7×10^{-6}		

f_1：吸収係数

（表 10.7），それぞれに吸収係数と実効線量係数が与えられている（表 10.8）。経口摂取では吸収の早い「タイプ F」でリスクが高いのに対し，吸入摂取では体外排泄の遅さから「タイプ M」や「タイプ S」の方が「タイプ F」よりもリスクが高い。

　実際の作業現場では，マスクの着用による被ばく低減策を講じ吸入ばく露に特に注意する。作業環境における空気中濃度限度は 1 週間につき 1mSv の実効線量に相当する濃度以下となるよう制御する [34]。汚染評価について，現行は表面線量のみ（$0.4Bq/cm^2$ 以下）となっている。

　体内に取り込まれたウランの除染方法については，ウランの急性腎毒性を考慮し摂取後の速やかな体外排出策が求められている。重炭酸ナトリウ

ムの詳細な作用機序は十分には理解されていないが，尿アルカリ化を通じ
てウラン体外除去を示す有用な除染薬剤とされている［35］。我が国では
ヘキサシアニド鉄（II）酸鉄（III）（プルシアンブルー），ジエチレントリ
アミン五酢酸（DTPA），ヨウ化カリウムが放射性元素の除染治療目的で
薬事承認されているが，いずれもウラン排泄促進に効果的でないことが古
くから知られており［36］，リン酸基を有するビスホスホネート誘導体を
はじめウラン除染剤探索研究が進められている［37, 38］。第17章にある
ような生体内での反応系を反映した実験系と解析技術を駆使した除染研
究に期待が寄せられる。

［参考文献］

［1］ S. Uchida, K. Tagami, K. Tabei, I. Hirai, J. Alloys Compds, 408-412, 525-528, (2006)
［2］ 松葉満江，石井紀明，中原元和，中村良一，渡部輝久，平野茂樹
RADIOIDOTOPES49, 346-353, (2000)
［3］ S. Yoshida, Y. Muramatsu, K. Tagami, S. Uchida, Environ. Int. 24, 275-286, (1998)
［4］ S. Yamasaki, K. Kimura, H. Motoyoshi, A. Takeda, M. Nanzyo, Jpn. J. Soil Sci. Plant Nutr.,
80, 30-36, (2009)
［5］ 丸茂克美，江橋俊臣，氏家亨，資源地質，53，125-146, (2003)
［6］ M. L. Zamora, B. L. Tracy, J. M. Zielinkski, D. P. Meyerhof, M. A. Moss, Toxicol. Sci., 43,
68-77, (1998)
［7］ P. Kurttio, A. Auvinen, L. Salonen, H. Saha, J. Pekkanen, I. Mäkeläinen, S. B. Väisänen, I. M.
Penttilä, H. Komulainen, Environ. Health Perspect, 110, 337-342, (2002)
［8］ H. S. Magdo, J. Forman, N. Graber, B. Newman, K. Klein, L. Satlin, R. W. Amler, J. A.
Winston, P. J. Landrigan, Environ. Health Perspect 115, 1237-1241, (2007)
［9］ A. I. Selden, C. Lundholm, B. Edlund, C. Hogdahl, B. M. Ek, B. E. Bergstrom, C. G. Ohlson,
Environ. Res., 109, 486-494, (2009)
［10］放射線医学総合研究所　廃棄物技術開発事業推進室　日本の河川水中元素濃度分
布図，（データは［1］に基づく），(2007)
［11］S. Yoshida, Y. Muramatsu, K. Tagami, S. Uchida, T. Ban-nai, H. Yonehara, S. K. Sahoo, J.
Environ. Radioactivity 50, 161-172, (2000)
［12］S. Mishra, S. Kasar, A. Takamasa, N. Veerasamy, S. K. Sahoo, J. Environ. Radioactivity, 198,
36-42, (2019)
［13］K. Shiraishi, K. Tagami, Y. Muramastu, M. Yamamoto, Health Phys., 78, 28-36, (2000)
［14］K. Shiraishi, S. Kimura, S. K. Sahoo, H. Arae, Health Phys., 86, 365-373, (2004)
［15］B. L. Tracy, J. M. Quinn, J. Lahey, A. P. Gilman, K. Mancuso, A. P. Yagminas, D. C.
Villeneuve, Health Phys., 62, 65-73, (1992)

[16] IPCS, WHO, Concise International Chemical Assessment Document 50, (2003)

[17] 第 240 回食品安全委員会　平成 20 年 5 月

[18] IPCS Assessing human health risks of chemicals: Derivation of guidance values for health-based exposure limits. Geneva, World Health Organization, International Programme on Chemical Safety, (1994)

[19] 松田りえ子，厚生労働科学研究費補助金，平成 17 年度総括研究報告書 , (2005)

[20] 食品安全委員会　放射性物質の食品健康影響評価に関するワーキンググループ報告書，(2011)

[21] Washington State University, College of Pharmacy, United States Transuranium & Uranium Registries, https://ustur.wsu.edu/?s=Pathology

[22] R. Hori, M. Tanaka, T. Okano, K. Inui, J. Pharmacol. Exp. Ther., 233, 776-781, (1985)

[23] H. R. Brady, B. C. Kone, R. M. Brenner, S. R. Gullans, Kidney Int.36, 27-34, (1989)

[24] C. Thiébault, M. Carrière, S. Milgram, A. Simon, L. Avoscan, B. Gouget, Toxicol. Sci., 98, 479-478, (2007)

[25] V. Linares, M. Bellés, M. L. Albina, J. J. Sirvent, D. J. Sánchez, J. L. Domingo, Toxicol. Lett., 167, 152-161, (2006)

[26] O. Pible, C. Vidaud, S. Plantevin, J. L. Pellequer, E. Quemeneur, Protein Sci., 19, 2219-2230, (2010)

[27] H. Fujishiro, Y. Yano, Y. Takada, M. tanihara, S. Himeno, Metallomics, 4, 700-708, (2012)

[28] S, Homma-Takeda, Y. Takenaka, Y. Kumagai, and N. Shimojo, Environ. Toxicol. Pharmacol., 7, 179-187, (1999)

[29] S. Homma-Takeda, T. Kokubo, Y. Terada, K. Suzuki, S. Ueno, T. Hayao, T. Inoue, K. Kitahara, B. J. Blyth, M. Nishimura, Y. Shimada, J. Appl. Toxicol., 33, 685-694, (2013)

[30] N. Stradling, A. Hodgson, E. Ansoborlo, P. Bérard, G. Etherington, T. Fell, B. LeGuen, Radiat. Prot. Dosimetry, 105, 175-178, (2003)

[31] UNSCEAR 2016 Sources, effects and risks of ionizing radiation: ANNEX D Biological effects of selected internal emitters – Uranium, (2016)

[32] S. Homma-Takeda, K. Kitahara, K. Suzuki, B. J. Blyth, N. Suya, T. Konishi, Y. Terada, Y. Shimada, J. Appl. Toxicol., 35, 1594-600, (2015)

[33] ICRP Publication 78, Pergamon Press, Oxford, (1997)

[34] 「放射線を放出する同位元素の数量等を定める件」　原子力規制委員会告示 , (2018) https://www.nsr.go.jp/data/000045706.pdf あるいは，「核燃料物質の使用等に関する規則」，原子力規制委員会，(2020)

[35] ICRP Publication 96, Pergamon Press, Oxford, (2005)

[36] J. L. Domingo, A. Oritega, J. M. Llobet, J. Corbella, Fund. Appl. Toxicol., 14, 88-95, (1990)

[37] M. Sawicki, D. Lecerclé, G. Grillon, B. L. Gall, A. L. Sérandour, J. L. Poncy, T. Bailly, R. Burgada, M. Lecouvey, V. Challeix, A. Leydier, S. Pellet-Rostaing, E. Ansoborlo, F. Taran, Eur. J. Med.l Chem., 43, 2768-2777, (2008)

[38] S. Fukuda, H. Iida, M. Ikeda, X. Yan, Y. Xie, Health Phys. 89, 81-88, (2005)

第2部
実践編

第11章　固体化学実験

固体化学実験の例としては，酸化・還元によるウラン酸化物の調製や，金属酸化物と二酸化ウランとの高温反応，UO_2 固溶体やウラン化合物の調製などがある。

11.1　TG-DTA によるウラン酸化物の酸化・還元挙動
(1) 目的

ウランは酸化物が安定であるが，その酸化物も不定比性をもち，異なる形態および組成をもつ酸化物が多数存在する。ここでは，代表的な酸化物である八酸化三ウラン（U_3O_8）および二酸化ウラン（UO_2）について，それぞれの安定性と酸化および還元反応について理解する。

(2) 実験

熱重量—示差熱分析（TG-DTA）装置を用いて，酸化雰囲気（空気）における UO_2 の酸化挙動を，還元雰囲気（水素）における U_3O_8 の還元挙動を調べる。

(a) UO_2 の酸化
・所定量（数mg）の UO_2 粉末を測定用アルミナパンに入れる。
・パンを測定装置の試料側にセットし，加熱部を閉じる。
・所定流量の空気を測定系に 10 ml/min で導入する。
・10℃ /min で 500℃まで加熱し，TG-DTA 曲線を得る。

(b) U_3O_8 の還元
・上記と同様に，U_3O_8 を量り取ったアルミナパンをセットする。
・試料部を真空，アルゴン置換する。真空排気しない場合には，アルゴンを十分に流して，残留酸素をできる限り排除する。
・アルゴンと水素の混合ガスを導入する。

・10℃/min で 1000℃まで加熱し，TG-DTA 曲線を得る。

(3) 結果

　図 11.1 には UO$_2$ の酸化の TG-DTA 結果を示す。150℃付近の発熱を伴う緩やかな重量増加と，450℃付近の急激な発熱反応と重量増加がみられる。一段目の重量増加分は U$_4$O$_9$ よりは U$_3$O$_7$ の生成に対応している。従って，UO$_2$ は U$_3$O$_7$ を経由して U$_3$O$_8$ へ酸化されることがわかった。

　次に，U$_3$O$_8$ の水素還元の TG-DTA 曲線を図 11.2 に示す。この結果から，600℃以降に重量減少が見られ，最終的には U$_3$O$_8$ から UO$_2$ を生成する場合の重量減少の計算値に一致する。従って，U$_3$O$_8$ は一段で，UO$_2$ までゆっくりと還元されることがわかる。

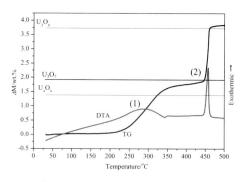

図 11.1　UO$_2$ の酸化の TG-DTA 結果

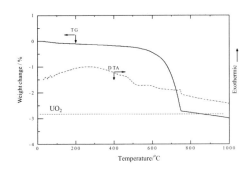

図 11.2　U_3O_8 の還元の TG-DTA 結果

11.2　UO_2 固溶体の調製と評価

(1) 目的

　UO_2 燃料は燃焼において，^{235}U の核分裂反応により核分裂生成物を，また，^{238}U の中性子吸収反応によりプルトニウムや，マイナーアクチノイドを生成する。生成した FP や Pu，MA の一部は高温にて UO_2 構造のウラン原子と置換して，固溶体を生成する。固溶する金属元素の原子価および結晶半径により，固溶量が変化する。表 11.1 には UO_2 のとる面心立方構造にて 8 配位の場合の置換元素の結晶半径を示す [1]。U^{4+} が 1.14Å に対して，Nd^{3+} や Eu^{3+} は 1.2Å と近い値をとるので，置換可能であり，固溶量も大きい。これに対し，FP のアルカリ土類元素である Sr や Ba は＋2 をとり，結晶半径はさらに大きくなる。このため，固溶量が大きくなると，変形し，面心立方構造の維持が難しく，固溶量は小さい。ここでは，UO_2 と希土類酸化物を高温にて反応させ，固溶体の生成の有無と，固溶量が格子定数に及ぼす影響を評価する。

表 11.1　金属元素と結晶半径 [1]

原 子 価	元　　素	結晶半径（Å）(CN = 8)
+ 2	Sr	1.40
	Ba	1.56
+ 3	La	1.300
	Pr	1.266
	Nd	1.249
	Eu	1.206
+ 4	U	1.14
	Zr	0.98
	Pu	1.10

(2) 実験

　ウランおよび希土類酸化物の混合物を高温加熱処理により固相同士反応させる。反応後，粉末 X 線回折法により，生成物の相関係や UO_2 固溶体相生成の有無を調べ，UO_2 相の格子定数の変化から，固溶体生成の条件や，固溶の状態について評価する。

実験手順は以下のようになる。

・出発物質の UO_2，Nd_2O_3，Eu_2O_3 の粉末 XRD を測定する。

・それぞれを所定量混合し，石英ボートに入れる。

・空気中 1000℃にて所定時間加熱する。

・加熱処理後，生成物の粉末 XRD を測定する。

・XRD 結果から相関係を解析し，UO_2 相の格子定数を求める。

(3) 結果

　UO_2 にネオジムあるいはユーロピウムを添加した場合の固溶体（$M_{0.5}U_{0.5}O_{2+x}$，$M = Nd, Eu$）について，格子定数の反応温度依存性を調べた結果（ウランの化学（I）4.3節，図4.5）[3]，600℃では UO_2 より格子定数が小さくなり，Nd および Eu の固溶を示すとともに，800℃では，格子定

表 11.2　$M_yU_{1-y}O_{2+x}$ 固溶体（M = Nd, Eu）の格子定数の x および y 依存性

Species	a/Å	a_{UO_2}/Å	x	y	$\delta a/\delta y$	$\delta a/\delta x$
$Eu_yU_{1-y}O_{2+x}$	5.400	5.471	0.187	0.504	− 0.141	0.0025
$Nd_yU_{1-y}O_{2+x}$	5.445	5.476	− 0.057	0.428	− 0.059	− 0.055

数がより減少しており，固溶量が増加する。さらに，1000℃では，大きな減少は見られず，固溶限度に近づいている。全体に Nd より Eu の方が格子定数の減少が大きく，固溶量が多いと言える。

　UO_2 構造の U サイトに金属 M がモル分率，y 固溶すると，U 量は 1 − y，また，酸素についてはハイポおよびハイパー組成も取りうるので 2 ± x となる。従って，固溶体 $M_yU_{1-y}O_{2+x}$ と表記でき，この場合，格子定数 a は，y および x に対する変化量を $\delta a/\delta y$，$\delta a/\delta x$ として次式のように表せる。

$$a = a_{\text{}} + \frac{\partial a}{\partial y} y + \frac{\partial a}{\partial x} x \tag{11-1}$$

　ここで，a，a_{UO_2} および y は実測値，また，$\delta a/\delta y$ の文献値 [2] を使用すると，$\delta a/\delta x$ が求まる。表 11.2 にはその結果を示す。これらのデータから $M_yU_{1-y}O_{2+x}$ 固溶体（M = Nd, Eu）の格子定数の x および y 依存性が議論できる。

12.3　ウランオキシフッ化物の調製と評価

(1) 目的

　ここでは，ウランオキシフッ化物（UO_2F_2）の調製と評価について述べる。UO_2F_2 については，ウランの化学（I）5.4 節（4）に調製法や性質を，また，12.7 節（2）（c）にフッ化物揮発再処理法の固体吸着剤としての利用を紹介している [3]。調製法としては，ウラン酸化物を硝酸に溶解後，フッ化水素酸を添加して，UO_2F_2 溶液とし，これを乾固して，黄色の

UO_2F_2 水和物を得る。これに対し，乾式法では，UO_3 と無水 HF ガスとを 350℃で反応させて緑青色の UO_2F_2 を得る。実際 UO_2F_2 は吸湿性があり，乾式法で調製しても，その後の取扱に注意を要する。ここでは，乾式法による UO_2F_2 の調製とその組成評価を行う。

(2) 実験

UO_2F_2 は UO_3 を HF ガスと 350℃にて反応させて調製する。図 11.2 の反応システムにおいて，ニッケル反応管内に UO_3 をセットし，F_2 の代わりに HF ガスを用いて反応させる。反応後，HF ガスの供給を停止し，アルゴンガスで反応管内をパージする。その後，ガス出入口のバルブを閉める。反応管をグローブボックスのサイドボックスに入れ，真空排気，アルゴン置換を 3 回以上繰り返してから，GB 内に搬入する。GB 内にて反応管より取り出し，評価する。

(3) 結果

乾式法で調製した UO_2F_2 は青緑色を呈する。これを Ar 雰囲気にて TG-DTA 測定を行った結果を図 11.3 に示す。調製した直後の試料（実線）は，50℃付近より重量減少が見られ，0.8%付近で安定となる。その後，350℃付近より再び重量減少が現れる。最初の重量減少は，含有する水分によるものとみられる。二段目の重量減少は，UO_2F_2 の分解である。

$$3UO_2F_2 \rightarrow 2UO_3 + UF_6 \tag{11-2}$$

そこで，この試料を予め 200℃まで加熱して，付着水分を除去して，再び，TG-DTA 測定を行ったところ，図 11.3 の点線の結果が得られた。この結果をみると，加熱処理後の UO_2F_2 からは重量減少はほとんど見られず，精製された UO_2F_2 を調製できていることがわかる。

ここでは，UO_2F_2 の調製法として，酸化物のフッ化を取り上げ，湿式法あるいは乾式法にて UO_2F_2 を得ている。UO_2F_2 自体に吸湿性があり，無

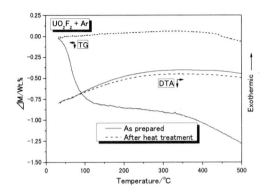

図 11.3　調製した UO_2F_2 の TG-DTA による比較

　水の UO_2F_2 の調製には，乾式法にて調製後，わずかに付着している水分を加熱除去することにより，青緑色の UO_2F_2 が得られる。これとは逆にフッ化物の加水分解によっても UO_2F_2 を生成でき，この方法は，濃縮工程後の UF_6 を再転換する際に，水蒸気との反応により中間物質として，UO_2F_2 を生成している方法でもある（ウランの化学（I）12.3 節参照）[3]。しかしながら，水蒸気が共存する環境であり，生成物は青緑色よりは黄緑色を呈し，水分を含有している。従って，乾式プロセス研究には，乾式法により調製，精製した UO_2F_2 が必要となる。

11.4　UCl_4 試料の調製と精製

(1) UCl_4 試料の調製

(a) 目的

　塩化物溶融塩においてウランの電気化学実験を行うために，出発物質として，UCl_4 を調製する。UO_2 を原料として，CCl_4 との反応により UCl_4 を調製する。

（b）実験

CCl₄ を用いる反応実験方法は 8.1 節（3）に紹介してあり，図 8.3 に示した反応装置を用いた。まず，UO₂ を石英ボートに量り取り，石英反応管内にセットする。続いて，反応管内を真空排気，アルゴン置換した後，アルゴンガスを流量 20 ml/min で導入し，排気系のオイルトラップにてバブリングさせる。次に，反応部を 450℃まで昇温する。続いて，アルゴンガスを CCl₄ 内に通じ，Ar + CCl₄ 混合ガスを反応管内へ導入する。所定時間反応後，電気炉を停止して降温するとともに，CCl₄ 内のバブリングを停止し，反応管内を十分にアルゴンガスでパージする。終了後，アルゴンガスを止め，反応管のコックを閉めて，GB へ移動する。

（c）結果

CCl₄ を通じると，暫くして，反応が開始し，電気炉外部へ揮発物質が現れ，堆積する。揮発物質は，白色，褐色，橙色，緑色などあり，電気炉外部の反応管内部の温度勾配に沿って析出する。その様子を模式的に図 11.4 に示す。UCl₄ を合成する報告では，炉外部に最初に見られる堆積部分が UCl₄ であり，これを集めることとしている。実際には，この方法での収量は極めて少なく，実用的でない。

そこで，図 11.5 に示すように，ボートにある UO₂ が反応後，UCl₄ 粉末に転換した後，温度を 420℃へ降温し，UCl₄ 蒸気の揮発損失を低減する。時々，炉を開け，ボート上の UCl₄ 粉末が顆粒上に変化していることを確認する。全体に粗粒化が進行したら，CCl₄ の供給を止め，電気炉を降温して，反応管内をアルゴンガスでパージする。室温になったら，アルゴンガスを止め，蓋部分のコックを閉じ，GB のサイドボックスへ移す。サイドボックスの真空排気―アルゴン置換を 3 回以上繰り返し，その後，GB 本体に搬入する。GB 内にて，反応管の蓋を外し，内部の試料ボートを取り出して，秤量する。生成した UCl₄ は，パイレックスガラス管に入れ，ピンチコック付きゴム管で封じる。その後，グローブボックス外にて，真空封入して保管する。

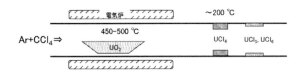

図 11.4　石英反応管内における UO$_2$ と CCl$_4$ との反応の概略

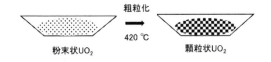

図 11.5　UCl$_4$ 粉末の粗粒化

(2) UCl$_4$ 試料の精製

（a）目的

前項では，UO$_2$ と CCl$_4$ との反応による UCl$_4$ の調製について述べた。この UCl$_4$ は，溶融塩の実験や，他の化合物の合成などには使用できるが，16 章で述べるような分光実験においては，極微量のウランの状態の異なる不純物化合物が共存すると，本来のスペクトルに影響する。UCl$_4$ の場合には，UCl$_5$ や UCl$_6$ が共存している。また，反応物質である CCl$_4$ も混入している可能性がある。ここでは，調製した UCl$_4$ から UCl$_4$ を数段階に分けて揮発分離し，不揮発性不純物を除去して精製する。

（b）実験

UO$_4$ の入った封入管を図 11.6（a）に示すように，試料部が電気炉の中央にくるように置いて，揮発分離による精製を行う。一次精製では，まず，300℃まで昇温する。400℃付近より，UCl$_4$ の揮発が始まるので，炉外部での UCl$_4$ の凝縮状況をみながら，50℃刻みで加熱する。600℃まで昇温して，その後，降温する。高温になりすぎると，ガラスが変形するの

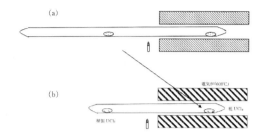

図11.6　UCl₄の二次精製の様子

で，過熱に注意する。冷却後，粗 UCl_4 側を溶融・封入して分離する。次に，図11.6（b）のように，分離後の封入管を UCl_4 側が電気炉の中央部にくるように置いて，一次精製と同様にして二次精製を行う。

（c）結果

一次精製においては，加熱とともに，炉外部の低温部に，揮発物が堆積する。最初には，100℃付近より，CCl_4 が揮発，液体窒素冷却部に凝縮する。続いて，UCl_5 や UCl_6 が揮発し，端部に凝縮する。300℃までで，これらの揮発物が分離されるので，新たな揮発成分がなくなったら，加熱を停止する。ここでは，例えばオキシ塩化物のような不揮発性の不純物を残留させ，UCl_4 を揮発分離，凝縮して回収することになる。このように，一次および二次精製を行うことにより緑色の UCl_4 は，濃緑色に変化する。精製後の UCl_4 については，分光学的な方法により不純物の有無を確認する。

［参考文献］
[1] R. D. Shannon, Acta Crystallogr., A32, 751-767, (1976)
[2] T. Fujino, C. Miyake, "Handbook on the Physics and Chemistry of the Actinides", Vol.6, Chap.3, NORTH-HOLLAND, (1991)
[3] 佐藤修彰，桐島　陽，渡邉雅之，「ウランの化学（I）」（－基礎と応用－），東北大学出版会，（2020）

第12章　放射化学実験

12.1　ミルキングによる MA トレーサーの調製

(1) 目的

^{237}Np（$T_{1/2}$：214万年）や ^{239}Pu（$T_{1/2}$：2.4万年）といったアクチノイド元素群の代表的な核種は，長半減期核種が多くかつ高放射能毒性を有することから実験で使用する場合，法令上やハード面での制約が多い。また，実験後の試料がほぼ永久に α 核種を含む放射性廃棄物として残ることも，実用上の大きな制約となる。これに対して ^{239}Np（$T_{1/2}$：2.2日）や ^{236}Pu（$T_{1/2}$：2.9年）といったトレーサー核種は半減期の短さから前述した制約が少なく研究現場での実用性が高い。そこで放射化学やアクチノイド化学の研究者らは，長半減期の親核種から短半減期の子孫核種をイオン交換や溶媒抽出によるミルキング分離や，加速器や原子炉を用いた核反応により短半減期トレーサー核種の製造などを行ってきた。前者の例としては ^{239}Np [1] や ^{233}Pa（$T_{1/2}$：27日）のミルキングがあり，後者の例としては ^{236}Pu [2,3] の製造と精製が挙げられる。本節では半減期が2.2日と短くかつ放射線計測上都合の良い γ 線ピーク（106 keV，$I\gamma = 27\%$）を有する ^{239}Np トレーサーを，溶媒抽出法により親核種 ^{243}Am（$T_{1/2}$：7,370年）より分離精製するミルキング方法を紹介する。以下の方法は C. W. Sill が開発した方法 [4] を，著者らの研究室で改良したトリ－n－オクチルアミン（TOA）を抽出剤として用いる方法である。

(2) 実験

このミルキング法では，娘核種である ^{239}Np と放射平衡状態にある ^{243}Am の塩がスタート物質となる。このとき，^{243}Am の半減期は ^{239}Np の半減期に比べ十分長いため両者の関係は永続平衡となり放射能量は等しくなる。

$$A_{\text{Am}-243}\,(\text{Bq}) = A_{\text{Np}-239}\,(\text{Bq}) \tag{12-1}$$

実験手順は以下のようになる。

1. 前処理：所定量（数百mg）の ^{243}Am － ^{239}Np の塩化物または過塩素酸塩の湿塩を 25ml の濃塩酸で溶解する。

2. 抽出工程：上記の ^{243}Am － ^{239}Np 塩酸溶液を，分液ロート中であらかじめ濃塩酸と予備平衡させた濃度5％のトリ－n－オクチルアミン（TOA）のキシレン溶液と接触させ1分間振とうする。これにより ^{239}Np の大部分が有機相に抽出され， ^{243}Am は水相に残る。

3. 洗浄工程：有機相と水相を分離し，水相は次回のミルキング用に保管する。分液ロートに残る ^{239}Np を含む有機相は，10ml の濃塩酸と接触させ1分間振とうする。これにより，仮に有機相に ^{243}Am が混入していても，水相側に逆抽出することが出来る。その後，水相を除去する。

4. 逆抽出工程：洗浄済みの有機相を 25ml の純水と接触させ1分間振とうする。これにより，有機相中の ^{239}Np が水相に逆抽出される。

5. 有機物分解および酸濃度調整工程： ^{239}Np を含む水相をビーカー中で蒸発乾固し，次に濃硝酸2ml と 60wt％ 過塩素酸1ml を加えゆっくりと蒸発乾固する。この際，水相中にわずかに混入していた有機物（キシレン，TOA 等）が酸化分解され，褐色の NO_x ガスや白煙の過塩素酸ガスが発生するため，この作業はドラフトチャンバー内で行う必要がある。また，爆発を伴うような急激な有機物分解反応の進行を防ぐために，必ず濃硝酸と過塩素酸を同時に加える必要がある。この分解処理を2回もしくは3回繰り返す。最後の蒸発乾固後に後の実験で使用する濃度の酸で ^{239}Np を溶解し， ^{239}Np ストック溶液を得る。

6. 後処理：抽出工程および洗浄工程後の水相を一つのフラスコ等に回収し， ^{243}Am を全量回収する。これを一昼夜静置し揮発成分を揮発させた後に，ゆっくりと蒸発乾固する。次に，濃硝酸2ml と 60wt％ 過塩素酸1ml を加えゆっくりと蒸発乾固し，回収した水相に混入していた有機物（キシレン，TOA 等）を酸化分解する。ここでも前項と同様，急激な分解反応が起こらないように注意する必要がある。有機物分解後， ^{243}Am の塩または溶液の状態で次回のミルキング作業まで保

管する。

以上の手順をフロー図として図12.1に示した。抽出工程において濃塩酸中の ^{239}Np が抽出される反応メカニズムは以下のように考えられている[5]。反応式中，orgと付記された化学種は有機相中に存在する化学種である。

$$2[TOA \cdot H \cdot Cl]_{org} + Np^{IV}Cl^{3+} + 3Cl^{-} \rightarrow [(TOA \cdot H)_2 NpCl_6]_{org}$$

$$(12\text{-}2)$$

　通常の水溶液系では Np は V 価が最も安定となり，$Np^VO_2^+$ のイオン形を取ることが知られている。しかしながら濃塩酸（HCl 約 12 mol/L）中ではIV価の塩化物イオン錯体 $Np^{IV}Cl^{3+}$ が熱力学的に安定になると考えられている。この条件で TOA を抽出剤として含む有機相と接触すると，Np (IV) イオンに TOA が 2 分子，塩化物イオンが 6 個配位し，さらに TOA 分子側に水素イオンが 2 個配位した錯体を形成し，Np(IV) イオン周辺の水和水が排除された状態で有機相に抽出される。一方III価イオンとなっている ^{243}Am はこのような錯体を形成しないため，水和イオンとして水相に保持されるため，^{243}Am $-$ ^{239}Np 間の分離が可能となる。逆抽出工程においては，水相として純水を用いるために反応系内の Cl^- イオン濃度が著しく減少する。この結果（12-2）式で示した有機相中の Np 錯体は分解し，水和イオン $Np^VO_2^+$ として水相中に逆抽出されると考えられる。このミルキング系では娘核種である ^{239}Np の半減期が 2.2 日であることから，ミルキング後 2 週間程度経過すると ^{243}Am の壊変により ^{239}Np の生成が進行し，再度 ^{243}Am $-$ ^{239}Np の放射平衡状態が得られる。この状態で再度ミルキングを実施すると，ほぼ前回と同じ放射能量の ^{239}Np トレーサーを得ることが出来る。上記のフローでは親核種である ^{243}Am の放射能量はほぼ減少しないため，必要に応じて何度でも ^{239}Np トレーサーを得ることが出来る。そのため，研究現場では実用上大変有用な方法である。

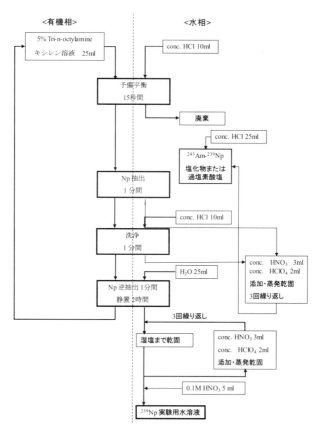

図 12.1　溶媒抽出法による ^{243}Am からの ^{239}Np トレーサーのミルキングフロー

12.2　U からの FP および MA 溶媒抽出分離

(1) 目的

　前書（ウランの化学（I）第 12 章）[6] で述べたように，原子炉で使用した後の使用済燃料には $^{238, 235}$U の他，中性子吸収反応により生成した核分裂性の ^{239}Pu，マイナーアクチノイド（MA）と呼ばれる ^{241}Am，^{237}Np等，さらには核分裂反応で生じた ^{137}Cs，^{90}Sr，^{131}I といった多種の核分裂

表 12.1　ウラニル試料溶液の組成

サンプル番号	S1	S2	S3
$[HNO_3]_T$	0.1	1.0	5.0
$[UO_2^{2+}]_T$	$5.0 \times 10^{-2}M$		
$[Sr^{2+}]_T$	$1.0 \times 10^{-3}M$		

図 12.2　ウラニル試料溶液
（口絵 3-1 参照）

生成物（FP）が含まれる。この使用済燃料の基本的な再処理プロセスである PUREX プロセスでは，溶媒抽出分離により核燃料物質である U と Pu のみを再利用のため回収し，不要となる FP や MA は分離除去して高レベル放射性廃棄物とする。本節では，この PUREX プロセスの基本を理解するために有用な，U と FP および MA トレーサーを使用した U からの FP および MA 溶媒抽出分離実験について紹介する。

(2) 準備

・ウラニル硝酸溶液：ウラン溶液として天然ウランの酸化物を硝酸溶解したウラニル（UO_2^{2+}）溶液を用いる。各硝酸濃度（0.1, 1.0, 5.0 M）に調整した 50 mM ウラニル溶液をそれぞれ 10ml 程度調製する。この際，本実験で FP 元素の代表として添加する ^{85}Sr の安定同位体キャリアーとして硝酸ストロンチウムを Sr^{2+} 濃度が 1.0 mM となるよう加える。調製するウラニル溶液の化学組成を表 12.1 にまとめた。

　図 12.2 に写真を示したように，調製した試料溶液はウラニル溶液特有の
黄色を呈する。また，試料を比較すると，U 濃度は一定であるが硝酸濃度
が高くなるほど黄色呈色が強くなっている。これはウラニルイオンが硝酸
錯体を形成することと関連している。

・^{85}Sr（半減期：64.9 日）トレーサー溶液：^{85}Sr 放射能濃度 10 kBq/ml 程
　度，硝酸濃度 0.01 M の溶液を 5 ml 程度調整する。放射能濃度は用いる
　放射線計測系に応じて適宜増減させる。^{85}Sr は日本アイソトープ協会か
　ら購入可能であり，これを希釈して溶液を調製する。

・^{239}Np（半減期：2.2 日）トレーサー溶液：^{239}Np 放射能濃度 5 kBq/ml 程
　度，硝酸濃度 0.1 M の溶液を 5 ml 程度調整する。放射能濃度は用いる放
　射線計測系に応じて適宜増減させる。^{239}Np は実験日から数日前に，
　14.1 節で述べた方法で ^{243}Am よりミルキングして得る。

・抽出用有機相：ここでは PUREX プロセスで用いられる有機溶媒を模擬す
　る。抽出剤であるリン酸トリブチル（TBP：$(CH_3CH_2CH_2CH_2O)_3PO$）
　が 30 vol% となるように，希釈剤のドデカン（$C_{12}H_{26}$）で希釈する。一
　回の実験では 10 ml 程度使用する。

（3）実験
　実験手順は以下のようになる。

1.　予備平衡処理：抽出に用いる有機相（TBP ドデカン溶液）中の水分量
　　を飽和させるため，分液ロートに 10 ml 程度の有機相と同体積の 0.1 M
　　HNO$_3$ 溶液を入れ，2 分程度振とうし両相をよく接触させる。静置
　　後，水相を廃棄し，有機相を後段の抽出に用いる。

2.　U 抽出分離：パイレックス試験管を 3 本用意し，それぞれに水相とし
　　てウラニル試料溶液（S1, S2, S3）1.86 ml，^{85}Sr トレーサー溶液 40 μl，
　　^{239}Np トレーサー溶液 100 μl を入れた後，予備平衡済みの有機相
　　（TBP ドデカン溶液）を 2.0 ml 入れ，ゴム栓（有機相への耐性の高い
　　バイトン製が望ましい）でキャップをする。両相の組成を図 12.3 に示
　　す。次に，両相の入った試験管を自動振とう機にセットし，30 分間振

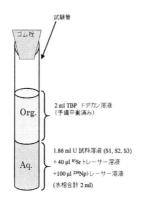

試験管

ゴム栓

Org.　2 ml TBP ドデカノ溶液
（予備平衡済み）

Aq.　1.86 ml U 試料溶液 (S1, S2, S3)
+40 μl ^{85}Sr トレーサー溶液
+100 μl ^{239}Np トレーサー溶液
（水相合計 2 ml）

図 12.3　溶媒抽出試料

とうする。この際，振とう機内で試験管を横倒しせず，斜め 45° 程度
に立てて振とうすると，放射性物質を含む溶液の漏出を予防すること
ができる。

3.　サンプリング：振とう後，ゴム栓を取りはずした試験管を遠心機で 5
分程度遠心分離し，水相と有機相をよく分離させる。次に，^{85}Sr,
^{239}Np の分配比を決めるための γ 線計測用試料として，両相から 1.0
ml ずつ採取し，γ 線計測用の試験管に入れる。さらに U の分配比を
液体シンチレーション法による α 線計測で決定するための試料とし
て，両相から 0.1 ml ずつ採取し，シンチレーションカクテル（Ultima
Gold AB, PerkinElmer）をあらかじめ入れた試験管に入れる。これを
バイブレーター等でよく混合する。以上のサンプリング手順を図 12.4
に示した。これにより S1, S2, S3 各試料から γ 線計測用試料計 6 本と
α 線計測用試料計 6 本が出来上がる。サンプリング時は，水相・有機
相ともに同体積を採取することが次節で説明する放射線計測時に重
要となる。また，有機相採取時の水相混入や水相採取時の有機相の
混入は各核種の分配比決定時の不確かさの原因となるため，極力避
けるべきである。後者については有機相採取後，残存する有機相を

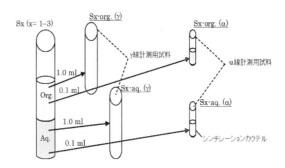

図 12.4　放射線計測試料のサンプリング

パスツールピペットなどを用いて完全に除去してから水相を採取すれば避けることが出来る。

12.3　α線およびγ線計測による抽出評価

(1)　α線計測による U 分配比の決定

　本章で紹介している実験では放射性核種として天然ウラン（^{238}U 99.27%，^{235}U 0.72%，^{234}U 0.005%），^{85}Sr および ^{239}Np を用いている。この中でα線を放出する核種は ^{238,235,234}U のみである。そこで，前節で示した水相試料および有機相試料それぞれの全α線強度を計測し，両者の比を計算すれば U の分配比（D＝［有機相中の元素濃度］/［水相中の元素濃度］）を得ることが出来る。ただし，この方法では実験に用いた天然ウラン中に ^{238}U の子孫核種 ^{230}Th や ^{235}U の子孫核種 ^{231}Pa といったα核種が含まれている場合は，これら核種が放出したα線も U からの放出として計算されてしまうため，実験により決定した U の分配比の不確かさの要因となる。通常，実験室で使用される天然ウランは高純度に精製済みであるため，^{230}Th や ^{231}Pa の存在量も極微量であり，U の分配比の導出に与える影響は無視しうる。全α線強度の計測法として本節では液体シンチレーションカウンター（LSC）を用いた方法を紹介する。α線計測法としては（ウラン

の化学（I）第 11 章）[6] で紹介したシリコン半導体検出器を用いた方法
もあるが，この方法は α 線のエネルギー分解能は極めて高いものの，計数
効率自体は 10%程度と低い。このため，本章の実験のように α 線放出核
種が U に限られており α 線エネルギー分解の必要が無い場合は，より計数
効率が高く，水相試料も有機相試料も直接計測可能な LSC を用いた方法
が適している。LSC による計測では，溶液試料をシンチレーションカクテ
ルに直接混合させるため，幾何学的効率は 4 π となる。このため，α 線と
β 線のシンチレーションシグナルが弁別可能な測定システムを用いれば，
α 線の計数効率は，ほぼ 100%であり，標準試料を用いることなく，全 α
放射能の絶対測定が可能である。米国オークリッジ国立研究所より派生し
た ORDELA Inc. 製の LSC スペクトロメーター PERALS® シリーズは α 線
と β 線のシンチレーションシグナル弁別性能を高め，アクチノイド核種の
検出を目的として開発された装置であり，この目的に適している [7]。ま
た本実験で用いているシンチレーションカクテル Ultima Gold AB
（PerkinElmer）も α 線と β 線を分別測定するために開発されたカクテルで
ある。この装置構成で天然ウランを含む溶液試料を Pulse Shape モードで
測定して得られたスペクトルを図 12.5 に示す。Pulse Shape モードでは通常
の放射線スペクトルと異なり，横軸はシンチレーション消光時間の比例
値，縦軸は積算カウントとなる。LSC 測定において放射線がシンチレータ
に衝突し発光する際，その消光時間は放射線の種類に依存して変化す
る。α 線起因のシンチレーション光の消光時間は，γ 線や β 線起因のシン
チレーション光の消光時間よりも明確に長いため，これをグラフの横軸に
とれば γ 線や β 線のピークは左側に現れ，α 線のピークはスペクトル右側
に現れ，両者の間隔は明確に区別する事ができる [7]。前述したように本
章の実験では，α 線は ^{238,235,234}U のみから放出されると見なせるため，図
12.5 の点線でマークした右側ピークの面積を測定時間で除せば試料中の U
の放射線強度（cps）が求められる。前節に示したように本実験では水相
と有機相の採取量が同体積であるため，(12-3) 式より放射線強度（cps）
から各試料の U の分配比 D_U が求まる。

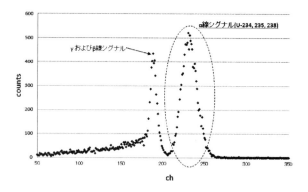

図12.5　Pulse Shape モードによるスペクトル

$$D_U = [U]_{org.} / [U]_{aq.} = (cps)_{org.} / (cps)_{aq.} \qquad (12\text{-}3)$$

(2)　γ線計測による Sr および Np 分配比の決定

　本実験で添加している ^{85}Sr は 514 keV の γ 線を放出し，^{239}Np は 228 keV と 278 keV を代表エネルギーとする γ 線を放出する。両核種間の γ 線ピークエネルギーは十分離れているため，Ge 半導体検出器により γ 線スペクトロメトリを行えば，両核種の放射線強度 (cps) を測定できる。図 12.6 に本実験の試料の γ 線スペクトルの例を示す。γ 線スペクトロメトリについては前書ウランの化学（I）の 11 章 [6] を参照して頂きたい。図 12.4 に示した水相と有機相の各 γ 線計測用試料の γ 線スペクトロメトリを行い，^{85}Sr と ^{239}Np の γ 線ピーク面積から両核種の放射線強度 (cps) を測定すれば，両相間で測定試料の体積は同じであるので U 同様に（12-3）式を用いて Sr と Np の分配比 D_{Sr} と D_{Np} が求まる。ただし，^{239}Np のような短半減期（2.2 日）核種の分配比を導出する際，水相試料と有機相試料の γ 線計測を別の日に行った場合には，得られる放射線強度 (cps) に対して減衰補正を行ったうえで分配比 D_{Np} を導出する必要がある。複数の核種

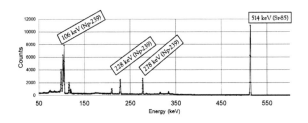

図 12.6　抽出後水相の γ 線スペクトルの例

の分配比が一度の γ 線スペクトロメトリから導出可能であることが本方法の長所であり，この実験に ^{137}Cs（662 keV）や ^{152}Eu（122 keV）といった他の FP 核種のトレーサーを同時に添加すれば，さらに多くの核種の溶媒抽出挙動を一度に把握することが出来る。ただし，^{241}Am のように γ 線に加えて α 線も放出する核種を添加する際は 12.3 節で述べた全 α 線測定による U の定量法が使えなくなるため，注意が必要である。この場合は前書ウランの化学（I）の 11 章で紹介したシリコン半導体検出器を用いた α 線スペクトロメトリを行い，U の分配比の決定を行えばよい。

（3）各元素の抽出特性の評価

　前節で示した放射線計測で実際に得た各元素の分配比の対数値 logD を，溶媒抽出時の水相の硝酸濃度（全濃度）で比較した結果例を図 12.7 に示した。

　U については硝酸濃度の増加に応じて，有機相に抽出される割合が増加している。この実験では，硝酸濃度 5.0 M の条件で分配比 $D_U = 5.47$ となり，85% 程度の U が有機相に抽出されていた。硝酸溶液中の U は VI 価のウラニルイオンとしてのイオン形を取り，以下の反応で TBP により有機相に抽出されることが知られている。

$$UO_2{}^{2+}{}_{aq} + 2NO_3{}^-{}_{aq} + 2TBP_{org} \rightarrow UO_2(NO_3)_2 \cdot 2TBP_{org} \tag{12-4}$$

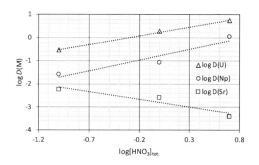

図 12.7　TBP ドデカン溶液による溶媒抽出結果

　この反応は，水相中の硝酸イオン濃度が増加するほど右側に進行するため，本実験の結果でも水相中の硝酸濃度に依存してＵの分配比が増加したと解釈できる。ただし，(12-4) 式にあるようにウラニルイオンと直接相互作用するのは硝酸イオン NO_3^- であるため，硝酸の酸解離（脱プロトン化）が 100％と見なせなくなる 1.0M 以上の硝酸濃度の場合，$[NO_3^-]$ < $[HNO_3]_{tot.}$ となることに注意する必要がある。一方，硝酸溶液中で Sr^{2+} のイオン形を取る Sr の分配比 D は全て 0.01 以下であり，この抽出系では殆ど有機相に抽出されず水相に残留することが分かる。硝酸濃度の増加に応じて分配比が減少する傾向が見られるが，これは Sr^{2+} と $2H^+$ 間の陽イオン交換反応が要因と考えられる。以上の結果から，硝酸濃度を 1M 以上に設定すれば，核燃料物質であるＵを有機相に抽出し，FP である Sr を水相に残す分離が可能であることが分かる。また，抽出後の有機相に硝酸濃度 0.1M 以下の水相を接触させれば，Ｕが水相中に逆抽出され回収可能なこともわかる。一方，Np については，硝酸濃度 1.0M 以下では大部分が水相に残留し有機相に抽出されていないが，硝酸濃度 5.0M では $D_{Np} \cong 1$ となり，約 50％が水相に残留し残りの 50％が有機相に抽出されるという結果であった。これは実際の PUREX 法の再処理プラントでの Np 挙動と同様の傾向である。実際の再処理プラントでは 4M 以下の硝酸濃度で運転が

行われることが多く，80%以上の Np が U とともに有機相へ抽出されたという報告もある [8]。水溶液系での Np の最も安定な基本イオン形は V 価の $NpO_2{}^+$ であり，この Np (V) は TBP のドデカン溶液に殆ど抽出されない。一方，Np (IV) や Np (VI) はそれぞれ $Np^{IV}(NO_3)_4 \cdot 2TBP_{org}$ や $Np^{VI}O_2(NO_3)_2 \cdot 2TBP_{org}$ というイオン対を形成して有機相に抽出されると理解されている [8]。実際の再処理プラントでの水相には多くの元素が混在しており，複雑な酸化還元反応が同時に進行している。このため Np の酸化状態は Np (IV)，Np (V)，Np (VI) が混在していると見られ，この結果，大部分の Np が有機相に抽出されていると考えられている。本章で扱った溶媒抽出実験では，Np は短半減期の ^{239}Np トレーサーのみが添加されており，Np 化学濃度は 10^{-11}M 以下と極低濃度となっている。1 M 以上の硝酸濃度の水相ではこの極低濃度の Np の中で $2Np(V) \rightarrow Np(IV) + Np(VI)$ の不均化反応が進行した結果，一部の Np が有機相に抽出されたと考察できる。ここで紹介した実験では FP の代表として Sr (II) を用いたが，前述したようにこの実験に ^{137}Cs や ^{152}Eu といったトレーサーを追加すれば，さらに Cs (I) や Eu (III) といったイオン形の異なる FP の抽出分離挙動についても調べることができる。

　本章ではトレーサーを用いた放射化学実験により，U から FP および MA を分離する実験について紹介した。ここまで述べた実験は，少量の核燃料物質と RI を使用可能な実験室であれば，大学の実験室のような小規模な実験施設で実施可能な内容である。紹介した試験管スケールの実験であっても，実際にウラニルイオンの存在を示す黄色が水相や有機相に分配される様を確認し，さらに放射線計測から目に見えない FP や MA 核種の動きを追跡することは，初学者がウランの化学や原子力分野の化学の基本を深く理解することに大きく貢献する。

［参考文献］

[1] A. Kirishima, O. Tochiyama, K. Tanaka, Y. Niibori, T. Mitsugashira, "Redox speciation method for neptunium in a wide range of concentrations," Radiochimica Acta, 91, 191-196 (2003)

[2] H. Yamana, T. Yamamoto, K. Kobayashi, T. Mitsugashira, H. Moriyama, "Production of pure 236Pu tracer for the assessment of plutonium in the environment," J. Nucl. Sci. Technol.,38, 859–865 (2001)

[3] A. Kirishima, T. Mitsugashira, T. Ohnishi, N. Sato, "Fundamental Study of the Sulfide Reprocessing Process for Oxide Fuel (I) Study on the Pu, MA and FP Tracer-Doped U_3O_8," J. Nucl. Sci. Technol., 48, 958-963, (2011)

[4] C. W. Sill, "Preparation of Neptunium-239 Tracer," Anal. Chem., 38, 802-804, (1966)

[5] W.E. Keder, "Extraction of tetra- and hexavalent actinides from hydrochloric acid by tri-n-octylamine in xylene," J. Inorg. Nucl. Chem., 24, 561-570, (1962)

[6] 佐藤修彰, 桐島　陽, 渡邉雅之,「ウランの化学（I）」（－基礎と応用－）, 東北大学出版会, (2020)

[7] W. Jack McDowell, Liquid Scintillation Alpha Spectrometry 1st Edition, CRC Press, (1994)

[8] 再処理プロセス・化学ハンドブック検討委員会, 再処理プロセス・化学ハンドブック　第3版, 日本原子力研究開発機構, (2015)

第13章　塩化物溶融塩を用いる電気化学実験

13.1　塩化物試料の調製

(1) 目的

　塩化物溶融塩においてウランの電気化学実験を行うために，出発物質として，UCl_3 および塩化物溶融塩を調製する。UCl_3 は UCl_4 を水素還元法，金属還元法により調製する。UCl_4 の調製については 11.4 節を参照されたい。

(2) 水素還元による UCl_3 の調製 [1]

　鉛直にセットしたガラス円筒内を石英のガラスフィルターで隔て，ガラスフィルター上面に UCl_4 を装荷し，ガラス円筒底部より $Ar + 10\% H_2$ ガスを上方に向けて通気する。実験前にガラス円筒などを十分に乾燥させ，ガラスフィルターに含まれる水分を除去しておく。反応管への UCl_4 投入作業は不活性ガス雰囲気のグローブボックス内で行う。ガラス円筒に接続した通気・排気用配管の両端に開閉コックを取り付け，ガラス円筒内への酸素の混入を防ぐ。縦型管状炉にこれらガラス円筒を設置し，コックを開くとともにアルゴン＋水素ガスを通気する。500℃にて6時間保持した後，540℃にて15時間熟成させる。580℃にて1時間保持したのち電気炉を停止し室温まで放冷する。

　実験の結果，UCl_4 の揮発する温度付近 400℃ で反応が主に進むことが分かった。500℃にて保持した理由は，未反応の UCl_4 がガラスフィルターに目詰まりしてガラス成分との焼結物が形成されることを防ぐためである。水素還元による反応は (13-1) 式のようになる。

$$UCl_4 + 1/2 H_2 \rightarrow UCl_3 + HCl \tag{13-1}$$

　目視にて UCl_3 の生成を確認したが，生成物を溶融塩に添加したところ，ごくわずかに溶解しない沈殿物も生成していることが分かった。おそ

らくこの原因は実験に用いたガラスフィルターに水分が付着しており，水
とウランが高温で反応することにより酸化物が生成したものであると予測
された。

(3) 金属還元による UCl₃ の調製

　ここでは，還元剤として Zn を用いた。高純度 Zn（99.9999％）と UCl₄
を入れた石英反応管を真空封入し，管状炉にて加熱する。金属 Zn は予め
表面を研磨するか，不活性雰囲気で加熱溶解し，金属光沢が認められる
部分のみを分離して用いる。グローブボックス内にて UCl₄ に対して過剰
量の金属 Zn を長さ約30センチの片封じの石英反応管に入れ，石英反応管
内を真空引きして減圧状態で石英反応管の開放端を封じる。試料を密封
した石英反応管の加熱は，横型管状炉を用い，管状炉の加熱領域の端に
石英反応管の末端が来るように設置する。加熱は Zn の融点直後の 450℃
で4時間保持したのち，還元反応によって生成した ZnCl₂ を揮発させるた
めに，さらに昇温して 800℃で2時間保持する。

　UCl₄ の Zn による還元反応は（13-2）のようになる。

$$UCl_4 + 1/2\,Zn \rightarrow UCl_3 + 1/2\,ZnCl_2 \tag{13-2}$$

　図 13.1 に反応後の石英管の様子を示す。図の右端（加熱部分・管状炉
内）には黒色物質（UCl₃）が付着し，左側（冷却部・管状炉外）には左か
ら緑色結晶（UCl₄），金属 Zn，白色物質（ZnCl₂），黒色結晶（UCl₃）の
順に生成する。500℃において液体 Zn が UCl₄ と反応するとともに，800℃
において揮発した UCl₄（沸点 788℃）が気体 Zn と反応する。

(4) 塩化物溶融塩の調製

　本実験で使用する LiCl-KCl 共晶塩の調製については 4.1 節，(3) 溶融
塩調製を参照されたい。吸湿性が強く，塩化物塩の取扱は，酸素および
水分濃度が 1ppm 以下に制御されたアルゴンガスなど不活性ガス雰囲気の

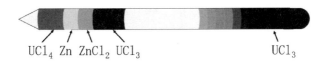

UCl_4　Zn　$ZnCl_2$　UCl_3　　　　　　　　　　UCl_3

図 13.1　反応後の石英管内の様子

グローブボックス内で行う。予め共晶組成に混合された LiCl-KCl 試薬を購入する方法もある。溶融塩中に酸化物イオン等不純物が存在すると測定するウランの酸化還元特性に影響する恐れがあるので，不活性ガス雰囲気のグローブボックス内にて，HCl 吹き込みなどにより精製しておくとよい。

13.2　溶融塩中の U の CV 測定

(1) 目的

溶融塩中に溶存するウランの酸化還元特性あるいは電解に用いる電極の材料特性を評価するためにサイクリックボルタンメトリー（CV）測定を行う。CV 測定は参照電極と作用電極間に電位差を印可，走査した時に作用電極と対極間で流れる電流を記録する方法である。

(2) 実験

不活性雰囲気のグローブボックス内で行う。基本的には石英管あるいはアルミナルツボに LiCl-KCl 共晶組成の溶融塩及びウラン UCl_3 を添加し溶解する。図 13.2 に溶融塩中でのウランの電気化学測定用電極の例を示す[2]。測定する溶融塩に電極先端を浸漬して，リード線を介してグローブボックス外部にセットしたポテンシオスタット（電位制御装置）へつなぎ，コンピュータ制御により電位差を掃引しながら電流値を測定記録する。電極は参照電極，作用電極，対極の 3 電極を用いる。加熱している溶液部から作業者が操作する位置までの距離が約 30 センチ程度あるため，

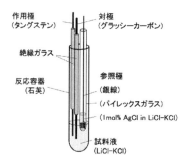

作用極
（タングステン）

対極
（グラッシーカーボン）

絶縁ガラス

反応容器
（石英）

参照極
（銀線）

（パイレックスガラス）

（1mol% AgCl in LiCl-KCl）

試料液
（LiCl-KCl）

図 13.2　溶融塩中でのウランの電気化学測定の一例

リード線の耐熱性を考慮すると，電極は長い棒型電極を用いることが望ましい。参照電極は銀｜銀イオン電極［3］，対極は炭素（黒鉛）や白金などの不活性電極を使用する。作用電極は，タングステン，モリブデン，白金，グラッシーカーボンなどの固体電極，ビスマス，カドミウムなどの液体電極があり，目的に合わせて選定する。電流密度を評価する場合は予め溶液と接触する作用電極の暴露面積を決めておくことが必要である。溶融塩中に電極を挿入し炉内の温度が一定になったことを確認する。CV の測定の前にまず自然電位を測定し，電位掃引を開始する電位を見積もっておく。溶融塩の種類によって測定可能な電位領域が異なるのでウランが溶存していない条件であらかじめ測定しておくことが望ましい。電位掃引速度，掃引する電位領域などを指定して CV を得る。

（3）結果

　図 13.3 に 1wt% UCl_3 を含む LiCl-KCl 共晶塩を用いた時の CV の結果を示す。実験実施温度は 400℃，作用電極としてタングステン電極を用いた。電位を溶液内自然電位（−1.686V）から負電位に電位掃引速度 200mV/sec で掃引していくと，−2.72V 付近に U^{3+} から U への還元に伴う負電流ピーク，その後電位を反転させ，正電位に掃引していくと，−2.61V 付近に U か

らU^{3+}への酸化に伴う正電流ピーク，さらに -1.41V 付近にU^{3+}からU^{4+}への酸化に伴う正電流ピーク，-1.57V 付近にU^{4+}からU^{3+}への還元に伴う負電流ピークが観察される。U^{4+}/U^{3+}の酸化還元反応は，U^{4+}，U^{3+}どちらも溶存化学種であるのに対して，U^{3+}/Uの酸化還元反応はUの析出と溶解反応であるため，両者で異なる波形を示す。反応式を以下に示す。

$$U^{4+} + e^- \rightarrow U^{3+} \tag{13-3}$$
$$U^{3+} + 3e^- \rightarrow U \tag{13-4}$$

　電位掃引速度，U 濃度，溶融塩の温度依存性について調べ，ウランの拡散係数，ウランの酸化還元の可逆性など，電極とウランの間での電子授受反応速度を解析する。U^{4+}/U^{3+}の酸化還元反応が可逆反応であるとき，(13-5) 式に基づいて標準酸化還元電位 E° $_{(U4+/U3+)}$ を見積もることができる。

$$E^{\circ}_{(U4+/U3+)} = (E_{pc} + E_{pa})/2 + (RT/F)\ln(D_{U3+}/D_{U4+}) \tag{13-5}$$

　ここで，E_{pc}, E_{pa}, R, T, F, D_{U3+}, D_{U4+}はそれぞれ，CV の負電流ピーク電位，正電流ピーク電位，気体定数，絶対温度，ファラデー定数，U^{3+}の拡散係数，U^{4+}の拡散係数である。ここで得られる酸化還元電位の妥当性を評価するために，電解を行いながら吸収スペクトルを測定し溶液内平衡電位 E と吸収スペクトルから得られるU^{4+}とU^{3+}の濃度の関係から（13-6) 式のネルンスト式に基づいて酸化還元電位を決定する。

$$E = E^{\circ}_{(U4+/U3+)} + (RT/F)\ln([U^{4+}]/[U^{3+}]) \tag{13-6}$$

　測定に用いる実験系は図 13.4 に示すような分光セル付きの石英ガラス製電解セルを用いる。U^{3+}を含む溶融塩を酸化電解することによって変化する吸収スペクトルを測定すると図 13.5 のようになる。U^{3+}濃度を 480nm の

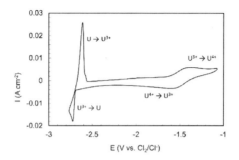

図 13.3　LiCl-KCl 共晶塩中のウランのサイクリックボルタモグラム

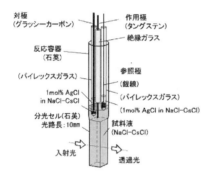

図 13.4　溶融塩中でのウランの分光電気化学測定セルの例

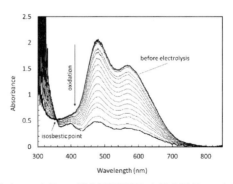

図 13.5　溶融塩中でのウランの酸化電解過程における吸収スペクトルの変化 [4]

吸光度とモル吸光係数から算出し，U^{4+}濃度は初期ウランイオン濃度から
U^{3+}濃度を差し引いた。U^{4+}濃度とU^{3+}濃度が等しくなる時の平衡電位が
酸化還元電位である。

　U^{3+}/Uの酸化還元反応については，可逆反応であるとき，下の式に基づ
いて酸化還元電位が決定される。

$$E^{\mathrm{o}}{}_{(U3+/U)} = E_{\mathrm{pc}} - (RT/3F)\ln\gamma_{U3+}[U^{3+}] + 0.854(RT/3F) \tag{13-7}$$

　$E^{\mathrm{o}}{}_{(U3+/U)}$，$\gamma_{U3+}$，はそれぞれ標準酸化還元電位，及び$U^{3+}$の活量係数
である。しかしながらγ_{U3+}を実験的に決定することが容易ではないため，
γ_{U3+}を除いた見かけの酸化還元電位 $E^{\mathrm{o}*}{}_{(U3+/U)}$ で評価することが多い。
$E^{\mathrm{o}*}{}_{(U3+/U)}$ は用いる溶融塩の種類によって異なる。これは溶融塩中に溶存
した時に形成されるウランの塩化物錯体の安定性に起因する。アルカリ塩
化物溶融塩中の LiCl のモル分率が増加するとともに錯体の対称性が減少
し，酸化還元電位が正電位シフトする [5]。Li よりもイオン半径の大きい
Cs のモル分率が増加するとともに錯体の対称性が向上し酸化還元電位は
負電位シフトする。一方，塩化物溶融塩中にフッ化物イオンがわずかでも
共存すると，塩化物溶融塩中であってもフッ化物錯体を形成するため，酸
化還元電位が著しく変化することが知られている [6]。

　溶融塩中のウランを電解によって電極上に回収（電析）する場合，電
極材料の種類によって電極とウランが合金を生成し，U^{3+}/Uの酸化還元以
外の電位で電流ピークとして観察されることがある。材料としての安定性
は上がるものの回収後のウランとの分離が困難になる。電析物として電極
上に金属ウランを析出させるには図 13.3 において－2.7V よりも負電位の
電位で電解し続ける必要がある。析出物の形状は樹状型（デンドライト）
であるため，析出物が成長しすぎて対極に接触しショートすることがある
ので注意を要する。U を平滑電析させる方法として，電流をパルス状に与
えること（パルス電解），フッ化物を加えることなどが検討されている。

13.3　溶融塩中の酸化 U の電気化学 [4,5]

(1) 目的

溶融塩中に溶存するウラン（VI）（ウラニル）の酸化還元特性を評価するために CV 測定を行う。

(2) 実験

不活性雰囲気のグローブボックス内で行う。基本的には石英管あるいはアルミナるつぼに LiCl-KCl 共晶組成の溶融塩及び塩化ウラニル UO_2Cl_2 を溶解する。UO_2Cl_2 は吸湿性が非常に高く単塩として得ることが困難であるため，U_3O_8 を溶融塩中に溶解し，乾燥塩素ガスを通気することによって UO_2Cl_2 を含む溶融塩として得ること（塩素化溶解）が多い。

(3) 結果

図 13.6 に UO_2Cl_2 を含む LiCl-KCl 共晶塩を用いた時の CV の結果を示す。実験実施温度は 450℃，作用電極としてグラッシーカーボン電極を用いた。電位を溶液内自然電位（− 0.74 V）から負電位に電位掃引速度 100 mV/sec で掃引していくと，− 0.89 V 付近に UO_2^{2+} から UO_2^+ への還元，ピークとして明確に観察されないが UO_2^+ から UO_2 への還元反応が生じ，その後電位を反転させ，正電位に掃引していくと，− 0.68 V 付近に UO_2 から UO_2^{2+} への酸化に伴う鋭敏な正電流ピークが観察される。反応式で示すと以下のようになる。

$$UO_2^{2+} + e^- \rightarrow UO_2^+ \tag{13-8}$$
$$UO_2^+ + e^- \rightarrow UO_2 \tag{13-9}$$

溶融塩中における UO_2^+ は，不均化反応を経て UO_2^{2+} 及び UO_2 を生じる。

$$2UO_2^+ \rightarrow UO_2^{2+} + UO_2 \tag{13-10}$$

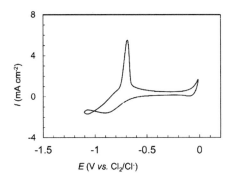

図 13.6　LiCl-KCl 共晶塩中の U のサイクリックボルタモグラム

　上の反応は化学反応であるため，電極表面で還元され生成した UO_2^+ は，不均化反応を経てバルクにて UO_2 を生じ電極表面ではなく電解セル下部に堆積する。このことは，電解還元による電極表面における UO_2 回収効率の低下につながる。

　上記は塩化物溶融塩中でのウランの酸化還元反応であるが，モリブデン酸溶融塩のように溶融塩の特性を生かしたウランの電解還元挙動が注目されている [7]。

[参考文献]

[1] The chemistry of uranium, including its applications in nuclear technology. E.H.F. Cordfunke 1969. pp. 150 - 152.

[2] 永井崇之，「アルカリ塩化物溶融塩中でのウランイオンの酸化還元特性とその乾式再処理技術への応用に関する研究」，京都大学学位論文，(2007)

[3] O. Shirai, T. Nagai, A. Uehara, H. Yamana, Electr°Chemical properties of the Ag + |Ag and other reference electrodes in the LiCl–KCl eutectic melts, J. Alloys Comp., 456, 498 - 502, (2008)

[4] T. Nagai, A. Uehara, T. Fujii, O. Shirai, N. Sato and H. Yamana, Redox Equilibrium of U^{4t}/U^{3t} in Molten NaCl–2 CsCl by UV–Vis Spectrophotometry and Cyclic Voltammetry, J. Nucl. Sci. Technol., 42, 1025 - 1031, (2005)

[5] K. Fukasawa, A. Uehara, T. Nagai, N. Sato, T. Fujii, H. Yamana, Thermodynamic properties

of trivalent lanthanide and actinide ions in molten mixtures of LiCl and KCl, Journal of Nuclear Materials, 424, 17–22, (2012)

[6] A. Uehara, O. Shirai, T. Fujii, N. Sato, H. Yamana, Formation of Uranium Fluoride Complex by Addition of Fluoride Ion to Molten NaCl-CsCl Melts, Molten Salts Chemistry and Technology, M.G.-Escard, G.M. Haarberg, Eds., John Wiley and Sons, 421-426, (2014)

[7] T. Nagai, A. Uehara, T. Fujii, N. Sato, H. Kofuji, M. Myochin, H. Yamana, "Redox equilibrium of the UO_2^{2+} / UO_2^+ in Li_2MoO_4 – Na_2MoO_4 eutectic melt at 550 °C," J. Nucl. Mater., 454, 159-163, (2014)

第14章 放射光実験

14.1 X線吸収分光測定 [1]

　X線は物質の透過能が高く，通常不透明であるとみなされる試料を外部から非破壊で分析可能であるため，ウランを含む原子力関連金属材料，ガラス固化体などの固体試料から，分離試薬の構造決定，放射性廃液中の溶存状態，近年では生体・環境試料中の微量ウランの検出など種々の分析に利用されている（第10章参照）。

　X線吸収微細構造（XAFS：X-ray absorption fine strucure）分光法は，X線の吸収強度をX線エネルギーの関数として測定するものである。X線の特性吸収エネルギーは元素毎に固有のものであるため，種々の元素の混合物となっている試料であっても，試料中の元素の種類と量を見積もることが出来る。さらにXAFSは吸収端後に現れるピークや周期的な振動を指しており，吸収端に対応する原子の周辺に存在する原子の数や距離を見積もることが可能である。以下にウランを用いたXAFS測定について述べる。

14.2 放射光施設と実験系

　ウランを用いた放射光実験は，主にXAFS実験が多い。測定対象としては固体から液体，合成された化合物から環境試料までさまざまである。測定方法として試料の状態（形状，目的元素の濃度など）に応じて，透過法，蛍光法などがある。ウランを含む測定試料は管理区域での汚染防止のため，少なくとも全国の放射光施設において物理的に封じた状態でのみ測定が可能である。吸収スペクトルの測定は，X線が試料に入射する前の強度 I_0 と試料透過後の強度 I_1 を測定し，吸収のエネルギー依存性を計算するので，原理的にはX線光源，試料，検出器で構成されている。X線光源として，偏向電磁石によって電子の軌道が曲げられその接線方向に放出される放射光を利用することがある。その光は広範囲のエネルギーを持った白色光なので，分光器を使って単色化して使用する。検出器としての電離箱（イオンチャンバー）は平行平板の電極間に入射したX線が，電極間に

入れられたガスを電離することを利用している。チャンバー内のガスは使用するエネルギーによってヘリウム，窒素，アルゴン，クリプトンなどのガスまたはそれらの混合ガスを使用する。測定装置に関して詳細は文献に記載している。

14.3　ウラン試料調製

(1) 測定試料調製

　測定で最も重要なことは，目的元素の測定エネルギーに対応した適切な試料を準備することである。透過法による試料は，適切な吸収量にするために試料の厚みや目的元素濃度を調整する必要がある。ビームサイズは通常数平方ミリメートルであるので少なくともその領域において試料を均質及び一定の厚みにしておく必要がある。

　溶液試料は固体試料に比べて試料が均一であるが，通常溶液試料は目的元素濃度が低い場合が多い。基本的には透過法で測定すること念頭に試料調製をするが，低濃度試料を測定する場合，蛍光法を用いる。精度の高い測定を行ないたいときスペクトルの積算量を増やす，感度の良い検出器を用いる必要がある。測定対象がウランL Ⅲ吸収端である場合，試料の厚みを大きくすることによって感度を上げることができる。また，測定試料がX線によって酸化あるいは還元することがあるので予め確認しておく必要がある。

　試料容器は放射線耐性のある材質を用い，異なる材質で3重に封入してハッチ内，施設内では開封できない（国内に開封できる（非密封の核燃を取り扱える）施設はない）。

(2) 試料の移動

　放射光施設内でウランを含む試料を測定するためには，課題申請の際に安全審査を受けるとともに，施設入域のための必要な手続きの他に，試料を調製した核燃料物質払出事業所から，測定する放射光施設へ受け払いするために必要な書類を提出しなければいけない。核燃料物質の移動に

は 15.2 節も参照されたい。

14.4　ウラン化合物の X 線吸収分光測定

　測定結果の具体例として様々な原子価を有するウラン試料の X 線吸収スペクトルを図 14.1 に示す。ウラン試料として，U_3O_8，UO_3，UO_4，$FeUO_4$，$CrUO_4$，UB_4，UO_2，UCl_3，UCl_4，UO_2Cl_2 をそれぞれ用いた。

　ウランの酸化数がⅢ から VI になるに伴い，吸収の立ち上がり（吸収端付近：X 線吸収端近傍構造（XANES：X-ray absorption near edge structure））のエネルギーが高エネルギーにシフトしていく（図 14.2）。これらは U の電子状態（主に価数）の違いを反映したものである。特にこの立ち上がりの違いは，化学シフト（Chemical shift）と呼ばれている。この化学シフトは価数の違いつまり最外殻電子の個数の違いが内殻電子のエネルギー準位にわずかな変化を及ぼし，その結果として吸収端のエネルギーが変化することによる。また，吸収端直上のピーク構造は，U がそれぞれⅢ価とIV，V，VI 価の価数状態にあることに対応している。つまり U 化合物の価数状態を，XAFS 測定によって得られる XANES 領域の振る舞いから推測できる [2]。

　XANES 領域よりも高エネルギーにおいて広域 X 線吸収微細構造（EXAFS：Extended X-ray absorption fine structure）が観測される。原子が X 線を吸収して内殻電子が励起され光電子として原子の束縛から逃れ周囲に波として伝わっていく。その波は，周辺の原子によって散乱されもとの波と干渉を起こす。その干渉の結果として電子の遷移確率が変化（変調される）し，振動構造が現れる。その結果ウランを中心として周辺の原子の結合距離や結合数の情報を取得することが出来る。EXAFS 解析に用いられる基本公式は式（14-1）で書き表せる。

$$x^{(k)} = \sum_i \frac{N_i}{kr_i^2} f_i(k) \exp\left(-2\sigma_i^2 k^2 - \frac{2r_i}{\lambda}\right) S_0^2(k) \sin(2kr_i + \phi_i(k)) \qquad (14\text{-}1)$$

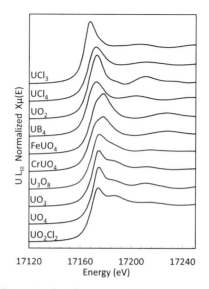

図 14.1　様々な原子価を有するウラン化合物の X 線吸収スペクトル

　　ここで，$x^{(k)}$ は吸収強度の変動量，N_i は X 線の吸収原子から見て距離 r_i にある i 原子の数，f_i は散乱原子から光電子波が後方散乱する確率であり，これは散乱原子の種類に依存すると共に k に依存する。σ は原子間距離 r のゆらぎであり原子間結合の強さや温度に依存する。式中での λ は光電子の試料中での平均自由行程であって試料の密度や k に依存するが簡単な関数で近似されることが多い。S_0 は X 線の吸収のうち EXAFS 振動構造を生じない過程によるものの寄与を除くファクターであるが，1 に近いものである。最後の ϕ は光電子波が吸収原子と散乱原子で散乱する時に位相ずれを起こすことを取り入れるためのものであり，これはこれらの原子の種類と k に依存する。各種ウラン化合物によって得られた EXAFS スペクトルをフーリエ変換すると，図 14.3 のような動径構造関数を得ることができる。多重散乱理論に基づく第一原理計算ソフトなどを利用して求めら

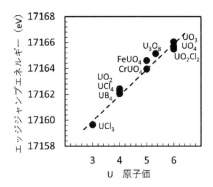

図 14.2　ウランの原子価と XANES エッジジャンプのエネルギーの関係

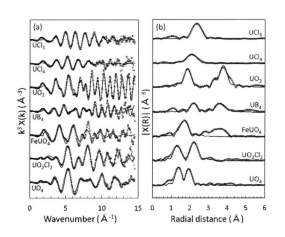

図 14.3　ウラン酸化物の動径構造関数
（a）EXAFS スペクトル，（b）フーリエ変換後の動径構造関数，
プロットが実験値，実線が計算値

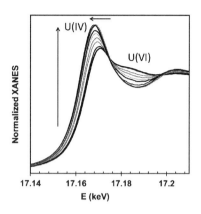

図 14.4　1 M HCl 中でのウランの in-situ 電解還元 [3]

れた Path（それぞれの散乱経路に対応した EXAFS 振動）をフィッティングすることでウランに結合する元素の配位数や配位子間距離を見積もることができる。ウラン酸化物については U = O 距離に対応するピークがウランから最も近い距離に観察されるが酸化数や化合物によっても距離は異なり U (IV) の U = O の距離は 2.37Å（UO_2）に対して，U (VI) の U = O の距離は 1.79Å（UO_3）と短い。

　XAFS によるその場（in-situ）測定への応用例を図 14.4 に示す。0.05 M UO_2Cl_2 を含む 1 M HCl に白金電極を用いて電解を行いながら XAFS を繰り返し測定した。

$$UO_2^{2+} + 4H^+ + 2e^- \rightleftarrows U^{4+} + 2H_2O \tag{14-2}$$

　価数によりウランの L III 吸収端における XANES スペクトルが異なるので，(VI) の UO_2^{2+} が (IV) の U^{4+} に還元されることによってスペクトルの波形が変化するとともにエッジジャンプが低エネルギーにシフトした。

電解を繰り返しながら，電極電位をモニターすることで，酸化還元電位を
見積もることができる（第 13 章参照）。

［参考文献］
［1］宇田川康夫編,「X 線吸収微細構造 XAFS の測定と解析」, 日本分光学会, （1993）
［2］D.Akiyama, H. Akiyama, A. Uehara, A. Kirishima, N. Sato, Phase analysis of uranium
oxides after reaction with stainless steel components and ZrO$_2$ at high temperature by
XRD, XAFS, and SEM/EDX, J. Nucl. Mater., 520, 27-33, (2019)
［3］A. Uehara, T. Fujii, H. Yamana, and Y. Okamoto, An in-situ X-ray absorption spectro-
electrochemical study of the electroreduction of uranium ions in HCl, HNO$_3$, and
Na$_2$CO$_3$ solutions, Radiochimica Acta, 104, 1-9, (2016)

第 15 章　実照射実験

15.1　照射施設

　試験研究用原子炉，いわゆる研究炉は，放射化分析，放射性同位元素（RI）の製造，物質構造解析，基礎物理といった学術研究，中性子捕捉療法や材料開発などの医療・産業分野の研究開発，さらに発電用原子炉に用いる燃材料の照射試験による原子力の安全研究を行うための中性子の利用が可能な施設である。比較的中性子束が高く，様々な研究用途に用いられている研究炉が日本原子力研究開発機構と京都大学に在る。

　初の国産研究炉として建設された日本原子力研究開発機構の原子炉 JRR-3（Japan Research Reactor-3）は，熱出力 20 MW，炉心付近の最大熱中性子束 3×10^{14} n / (cm^2 sec) である。一方，京都大学複合原子力科学研究所の原子炉 KUR（Kyoto University Research Reactor）は，熱出力 5 MW，炉心付近の最大熱中性子束 8×10^{13} n / (cm^2 sec) である。いずれも 1960 年代に初臨界を達成し，運転を続け，現在に至るまでに幾つかの改造を行っている。東日本大震災後の新規制基準適合性審査を受け，2021 年 1 月の時点で JRR-3 は停止中であり，KUR は運転を再開している。なお，両研究炉は高経年化が進んでおり，将来の燃料の確保は不透明な状況である。

　なお，日本原子力研究開発機構には，JRR-3 の他に材料試験炉（JMTR，熱出力 50 MW）という世界有数の中性子束を有する照射炉があったが，既に廃炉の方針を打ち出している。一方，同機構では大強度陽子加速器施設（J-PARC）が稼働している。JRR-3 と同様の研究用中性子発生源であるが，JRR-3 や KUR が定常中性子を発生する一方，J-PARC はパルス中性子を発生することから，研究での適用範囲は相補的である。また大学では，原子炉の運転，炉物理・炉設計の教育を目的として，低出力の京都大学臨界集合体実験装置（KUCA，100 W）および近畿大学原子炉（UTR － KINKI，1 W）の 2 基が稼働中であるが，立教大学，東京都市大学，東京大学等の研究炉は既に停止し，廃止措置が進んでいる。一方，国は新規の試験研究炉を福井県に設置する方針を固めているが，現時点で完成

時期は未定である。これら小型から大型までの施設のスペックや経緯については他書を参照されたい。

15.2　試料の輸送

　本節では，研究炉での実照射試験の例として，核燃料物質である二酸化ウラン（UO_2）の熱中性子照射について解説する。実際の照射実験について述べる前に，照射に向けた諸手続きを示す。多くの場合，被照射試料は研究炉の施設外，すなわち実験者の事業所で調製され，これを照射に先立ち輸送することとなる。そのため，輸送と中性子照射に関する書類の両方の準備が必要である。ここで，研究炉を受入先，実験者の事業所を払出元と称する。核燃料物質の輸送（計量管理）については，2.1節を参照されたい。

　書類の準備は，双方の事業所で連携して行う。まず輸送する核燃料物質が，受入先の変更承認申請書で承認を得ている移動量・化合物形態・濃縮度であるか等を確認するとともに，バッチ名等を決める。また払出と受入の日程を調整する。払出元は，核燃料物質の移動通知書，受払申請書・承認書，事業所外運搬記録など（事業所によって異なる場合がある）の書類案を作成し，受入先と輸送の情報を具体化していく。郵送により原紙をやり取りし，計量管理担当等による押印済みの書類は事業所で保管される。このように，払出予定日に向けてスケジュールに余裕を持たせた書類準備が必要である。

　次に払出元は，核燃料物質を適切な密閉容器に入れ，L型またはA型輸送容器へ梱包する。汚染検査（線量率，表面密度）を測定し，運搬記録に結果を記録する。郵送の場合，運搬記録や移動通知書，注意書きを輸送容器に同梱するほか，払出日に危険物明細書や郵便物差出調書等が必要となる。受入予定日に受入先の担当者等が試料を受け取る。

15.3　照射計画

　ここでは，照射により UO_2 に核分裂生成物を誘導した試料を必要とす

ることを例に，照射計画について述べる。照射により核燃料物質に誘導されるある RI の生成量 N は，(15-1) 式のように表される（詳細な解説は他書に譲る）。ここで，N_0 はターゲット核種の初期量，ϕ は中性子束密度，σ は目的の核反応を起こす反応断面積，λ は生成 RI の壊変定数（＝ $0.693/T_{1/2}$，$T_{1/2}$ は半減期），t は照射時間である。つまり，断面積 σ や照射能力としての ϕ は定数なので，実験者が目的核種の生成量をどれくらいにしたいかは，UO_2 に含まれる ^{235}U 量（N_0）と t の設定が重要である。前者は UO_2 量に比例するが，一度に照射できる量には限度がある。後者は，t に比例して生成量は多くなるが，比較的半減期の短い核種は，生成する核種と壊変する核種の数が等しくなって一定の値に接近（比放射能の飽和）することに留意する必要がある。また照射後，試料容器を開封するまでの間に核種が減衰することも考えられることから，目的核種をいつどれくらいどのように実験に用いるかをあらかじめ十分考慮して計画しなければならない。

$$N = N_0 \phi \sigma (1 - e^{-\lambda t})/\lambda \tag{15-1}$$

　以上のように，生成核種を得るための照射計画を立案し，幾つかの書類を作成して研究炉に照射実験計画を申請する。通常，照射施設ごとに定められた書式があり，例えば KUR では，照射試料の誘導放射能の計算書の他，研究炉の運転計画や核燃料物質および生成核種（RI）の管理に必要な情報として，照射・使用記録や，非密封の放射性同位元素取扱届（使用届，保管・貯蔵届，廃棄届などを含む）を併せて提出する。研究炉はこれらの申請内容をもとに安全性・適合性（試料の性状や発熱の有無，総重量等）を精査するとともに，炉の運転および照射計画全体をマージして初めて照射が行えることとなる。

15.4 実照射の例
(1) KUR での中性子照射実験 [1]
　粉末状の二酸化ウラン（UO_2）を石英ガラス管に入れて熱中性子照射

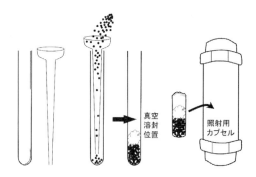

真空
溶封
位置

照射用
カプセル

図 15.1　中性子照射のための試料の石英管封入とカプセル

する方法を例に，その実践について述べる。石英管の仕様が照射施設側で定められていない場合，照射時に用いる専用カプセル（後述）に収まる寸法で，かつ溶封作業がしやすいサイズの石英管を選ぶ。例えば，内外径 $8 \times 6\,mm\phi$（肉厚 1 mm），長さ 200 mm 程度の一方が丸底封じされたものが良い。また石英材料中の不純物金属が照射時に放射化され，無用な放射能を有するため，可能な限り高純度の石英管が望ましい。例えば KUR で照射を行う場合，専用カプセルの内寸に十分収まる長さは，溶封完了時に 50 〜 60 mm である。つまり，UO_2 粉末が入った状態でその上部を溶封するので，UO_2 の量は丸底から高さ 30 mm 程度が上限となる。それ以上入れると，溶封時に試料も加温され，酸化反応等を起こす可能性がある。これに関して，石英管に粉末試料を入れる際は封入部分のガラス内壁にできるだけ付着しないようにしなければならない。そのため，図 15.1 に示すような試料挿入ガイドをスポイトやビニールチューブ等で自作することもよいだろう。試料投入後，封入箇所のガラス管内面を綿棒等でふき取っておくのもよい。溶封操作の詳細は 7.4 節を参照されたい。

　KUR でよく用いられる照射設備に圧気輸送管（ニューマ）と水圧輸送管（ハイドロ）がある。前者はポリエチレン製カプセルを炭酸ガスの圧力により輸送管を通じて実験室から炉心まで高速（数秒）で往復させて照

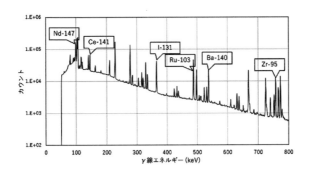

図 15.2　照射後 UO_2 の γ 線スペクトロメトリー結果例

射できるため，短時間の照射や短寿命 RI の放射化分析に有利である。輸送時の衝撃が大きいことから，石英管をカプセルに入れる際はガーゼ等の緩衝材を入れて，破損を防ぐ。後者は，試料を封入したアルミニウム製カプセルを，原子炉の炉頂から炉心に通じる輸送管を通して手動で送り込む方式である。出し入れが水中での取扱いとなるため，放射能の遮蔽性に優れており，長時間の照射を行うことで比放射能の高い RI 製造が可能である。上述の UO_2 の照射でも長寿命の核分裂生成物をより多く生成させたい場合は水圧輸送管を用いる。但しその分，多くの短半減期 RI が飽和量に達する傾向にあり，その後の実験に用いるまでの冷却（放射能減衰）期間が長くなる。アルミニウム製カプセルは水中に沈めるため，あらかじめカプセル内を水で満たしておく。

　例えば，圧気輸送管を用いて，UO_2 試料を熱出力 1MW で 20 分間照射する。照射直後は無用な短半減期 RI を含み高線量であるため，1〜2 週間冷却する。化学フードにおいて専用治具でカプセルを開封し，石英管中の試料のインベントリ放射能を Ge 半導体検出器を用いて測定する。図 15.2 に示すように，複数の FP 核種の γ 線ピークが観測される。測定方法の詳細はウランの化学（I）11.2 節を参照されたい［2］。その後，石英管から照射済試料を取出し，様々な研究目的の化学実験に供することができる。

(2) LINAC による ^{237}U 調製

　前節では天然ウラン中に存在する ^{235}U の中性子照射による核分裂反応を利用した。^{235}U および ^{238}U は長半減期の α 放射体であり，挙動評価には，化学分析や ICP-MS 分析，α 線計測がある。これに対し，短半減期の γ 線核種は使い易く，その代表が 2.75 d の半減期をもつ ^{237}U である。ここでは ^{237}U の調製と利用について紹介する [3]。まず，天然ウランの U_3O_8 粉末を石英管に真空封入する。東北大学電子光理学研究センターの線形電子線加速器（LINAC）にて 40-60 MeV の電子線を Pt 箔に数時間照射し，bremsstrahlung による（γ, n）反応により，(15-2) 式のように ^{237}U を生成している。

$$^{238}U + \gamma \rightarrow {}^{237}U + n \tag{15-2}$$

　照射後，試料を硝酸に溶解し，溶媒抽出実験を行う。分離実験後の各溶液試料について 237 keV の γ 線の放射能を測定し，分配係数を求めることができる。

［参考文献］
［1］ T. Sasaki, Y. Takeno, A. Kirishima, N. Sato, "Leaching test of gamma-emitting Cs, Ru, Zr, and U from neutron-irradiated UO$_2$/ZrO$_2$ solid solutions in non-filtered surface seawater: Fukushima NPP Accident Related," J. Nucl. Sci. Tech., 52, 147-151, (2015)
［2］ 佐藤修彰，桐島　陽，渡邉雅之，「ウランの化学（I）－基礎と応用―」，東北大学出版会，(2020)
［3］ K. Akiba, N. Suzuki, H. Asano, T. Kanno, "Regularities of extraction of uranyl thenoyltrifluoroacetonate into a number of solvents", J. Radioanal. Chem., 7, 203-211, (1971)

第 16 章　UO₂ 分光実験

16.1　UV-Vis 測定

(a) 目的

　ウランは，5f 電子の特徴から，様々な原子価を取ることに加え，配位子との結合により相互作用を強く受けるため，電子スペクトル＝UV-Vis スペクトルを取得することで，電子状態や結合状態を把握することが可能である。6 価のウランは，O＝U＝O の振動状態を反映した振動微細構造を現す特徴的なスペクトルを示すことがあり，安定原子価であるため通常の測定方法で測定が可能である。ここでは，空気中，水中で不安定な低原子価ウランの測定法について述べる。

(b) 方法

　有機溶媒を用いて低原子価ウランを測定するには，測定の直前に十分に脱水した溶媒を用いる必要がある。これは，低原子価ウランを容易に酸化する水や紫外領域に吸収帯を有する可能性のある安定剤（通常還元剤もしくはラジカルスカベンジャー）を除去するためである。脱水法，精製法に関しては，成書を参照されたい [1]。測定サンプルの調製は，6.3 (4) で紹介したマニフォールドを使用する方法（図 6.1）が簡便で操作性もよい。

(c) 実験および結果

　UCl₄ の THF などの有機溶媒中での UV スペクトルの測定にあたっては，よく脱水した溶媒を用いてあらかじめ濃度調整行った溶液をセプタム付石英セルに移送し，測定を行うが，十分に加熱精製を行った UCl₄ を使用した場合でも，一部の U は 6 価として存在する（図 16.1 破線）。通常 450nm 近傍に現れる 6 価の振動構造を持つスペクトルは，比較的モル吸光係数も大きく，極微量の 6 価の存在でも検出可能である（図 16.1 拡大スペクトル）。

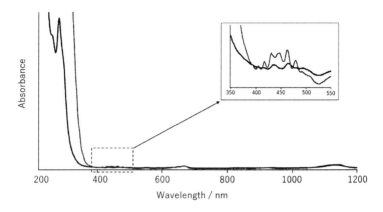

図 16.1　THF 中での UCl₄ の UV-Vis スペクトル
破線：真空加熱精製後，脱水 THF に溶解したもの
実線：白金黒を利用した水素還元を行ったもの

　純粋なウランの 4 価スペクトルを得るためには，水素還元が適している。図 16.2 のような光路を遮らないよう加工したメッシュ状の白金黒を用意し，注射針などを利用して，水素還元を行うと，図 16.1 の実線のスペクトルを比較的簡単に得ることができ，450 nm 近傍の振動構造や 250 nm 付近の強い吸収バンドも消失し，280 nm 付近の $^1S_0$ 準位のウラン 4 価に特徴的なピークを観測することができる。比較的誘電率の高い有機溶媒であれば支持電解質を加えなくても還元することができるが，十分に乾燥させた支持電解質を加えるとより効率よく還元することが可能である。

16.2　ラマン分光法

(a)　目的

　ウランは，UO_2^{2+}, UO_2 など酸化物を対象とする場合が多く，そのため，U ＝ O の伸縮振動など振動スペクトルから多くの情報が得られるため，利用されることが多い。研究報告も多く，ラマンスペクトルから酸化物の不定比，過定比など同定することも可能となってきている。サンプル

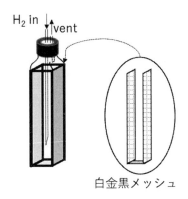

図 16.2　白金黒を利用した水素還元

形状も液体，固体を選ばず，非常に有効な方法である。特に近年，顕微ラマン分光装置（図 16.3）が普及してきたこともあり，サンプルの量に関しても非常に微小化でき，自動制御ステージなどと組み合わせたマッピングも可能であり，化学系の分布に関する情報も得られる。このため，UO_2，U_3O_8 などから水へのウランの溶出過程での固体表面の変化を理解できるなど，研究例により理解する。

(c) 実験

　U_3O_8 を水の放射線分解生成物である過酸化水素水に浸漬させる。浸漬後のウラン化合物の表面状態を顕微ラマン分光法により明らかにする。顕微ラマン分光装置には図 16.3 に示すように自動制御できる XYZ ステージが接続され，空間分解能として XY 方向が 1 μm 未満，Z 方向が 1.5 μm 未満で 10 μm 四方のエリアを二次元スキャンすることが可能である。照射レーザーは，波長 532 nm で 0.5 m W の出力のレーザー光を照射する。

(d) 結果［2］

　濃度 1.5×10^{-4} mol dm^{-3} の過酸化水素水に 30 日間浸漬した U_3O_8 の

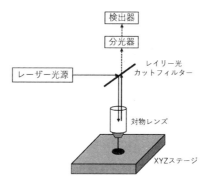

図 16.3　顕微ラマン分光装置の概略図

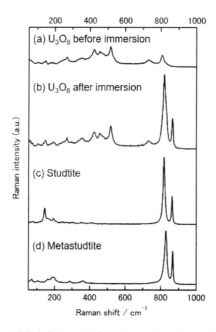

図 16.4　過酸化水素水との反応前後の U_3O_8 のラマンスペクトル
（a）反応前の U_3O_8（b）H_2O_2（1.5×10^{-4} mol dm^{-3}）と 30 日間反応させた U_3O_8，
（c）Studtite，（d）Metastudtite.

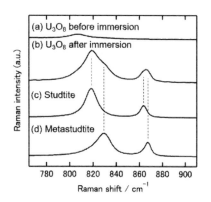

図 16.5　過酸化水素水との反応前後の U₃O₈ のラマンスペクトル
（a）反応前の U₃O₈　（b）H₂O₂（1.5 × 10⁻⁴ mol/L）と 30 日間反応させた U₃O₈,
（c）Studtite,（d）Metastudtite.

表面に過酸化物に起因する特徴的なスペクトルが観察された。（図 16.4
（b)) ウラン過酸化物には，水和数に応じてシュトゥット石（Studtite,
UO₄・4H₂O），メタシュトゥット石（Metastudtite, UO₄・2H₂O）とよばれ
る 2 つのタイプの過酸化物が知られており，それらを合成し，ラマンスペ
クトルを得たものを図16.4(c)，(d) に示す。図中には参考のため U₃O₈ の
スペクトル（図16.4(a)）も示している。2 種類の過酸化物はそのスペクト
ルプロフィールは類似しているものの，特徴的な振動ピーク位置は異な
り，図 16.5 からもわかるとおり Stdtite と Metastudtite を弁別同定すること
が可能である。

　過酸化水素水に浸漬後の U₃O₈ サンプルからは Studtite と Metastudtite の
両方のピークが観察されることから，Stdtite と Metastudtite のスペクトル
の比を用いて，Stdtite と Metastudtite の U₃O₈ 表面上での分布を評価する
ことも可能である。

　具体的には，図 16.6 のように Sutdtite と Metastudtite のスペクトルを用
いてフィッティングし，次式のように係数 a，b を求めることで，

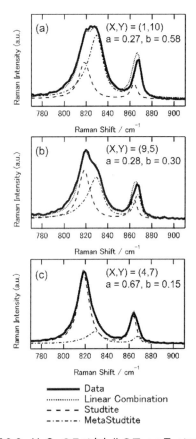

図 16.6　U_3O_8 のスペクトルのフィッティング例

浸漬した U_3O_8 のスペクトル＝ a × Studtite のスペクトル

　＋b×Metastudtite のスペクトル　　　　　　　　　　　　　　　　(16-1)

　浸漬した U_3O_8 表面の顕微測定イメージを a, b を基に描画すると, 2 種類の酸化物の生成量の割合を見積もることが可能となる。Studtite と Meta-

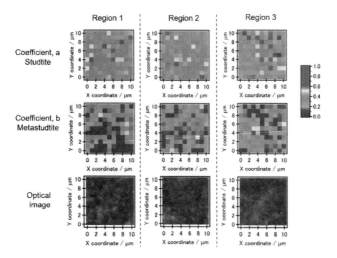

図 16.7　過酸化水素水に浸漬した U₃O₈ 試料の顕微鏡図と
式（16.1）の係数を利用した 2 次元プロット（口絵 3-2 参照）

studtite の U₃O₈ 表面上での分布イメージとして，図 16.7 のように視覚的に分布を描像できる。なお，UO₄ の XAFS 測定については 14.4 節を参照されたい。

[参考文献]

[1] 渡辺正　編著　「化学ラボガイド」朝倉書店（2001）
[2] Ryoji Kusakaa, Yuta Kumagai, Takumi Yomogida, Masahide Takano, Masayuki Watanabe, Takayuki Sasaki, Daisuke Akiyama, Nobuaki Sato, and Akira Kirishima, "Distribution of studtite and metastudtite generated on the surface of U₃O₈ : Application of Raman imaging technique to uranium compound" J. Nucl. Sci.Tech., in press, (2020)

第17章　生体中の U の状態評価

　生体内ウランの化学形状態を把握することは，ウラン毒性機序の理解や体内に取り込まれたウランの効果的な排出策を講じるために重要である。ここでは動物実験における組織試料に対して行われているウランの状態評価を中心に紹介する。

　組織や細胞を破壊・溶解して元素分析を行う従来の金属動態解析手法では，生体内での状態を反映していない可能性が指摘されていた。放射光やプロトンなどのマイクロビームを利用した放射光蛍光X線分析（synchrotron radiation X-ray fluorescence, SR-XRF）や荷電粒子励起 X 線発光法（particle induced X-ray emission, PIXE）などの元素分析は，非破壊分析として貴重かつ試料量の限られたサンプルを対象とする医学・生物学分野で注目されている。組織・細胞構造を保った状態での元素分布・局在情報を得ることができる。さらに X 線微細構造法（X-ray absorption fine structure, XAFS）を組み合わせることにより，生体内におけるウラン状態評価が可能となる。

17.1　実験系と測定試料調製

　組織凍結切片（凍結状態で数〜十数μm厚に薄切したもの）を用いる。ポリプロピレン薄膜に付着，乾燥させ測定試料とする。ウランを投与したラット腎臓における試料調製方法の詳細を図17.1に示した。左側腎臓を中央部から2等分し，上部から横断面凍結切片を作製する。隣接切片はヘマトキシリン‐エオシン（HE）染色や periodic acid Schiff（PAS）染色，あるいは尿細管領域に特異的に存在するタンパクの免疫染色などの組織染色を行い，腎臓微細構造やネフロン配置を把握する。中央部 100 - 200mg は ICP-MS 用試料とし，高純度硝酸を添加後湿式灰化してウラン濃度を測定，腎臓平均ウラン濃度とする。

　マイクロビームを用いたウランの SR-XRF や XAFS は高輝度光科学研究センター放射光施設（SPring-8）の BL37XU で行われている。このビー

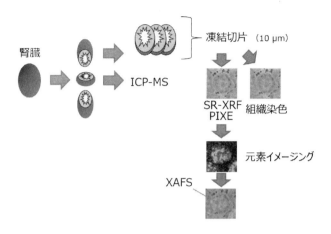

腎臓　ICP-MS　凍結切片　（10 μm）　SR-XRF PIXE　組織染色　元素イメージング　XAFS

図 17.1　ラット腎臓試料の調製

ラインでは 20 keV 以上のマイクロビーム実験が可能であり，生体試料中の
ウランについてカリウム，カルシウム等の生体多量元素の妨害を受けない
ウラン L 線のエネルギー領域で検出することができる [1]。さらに生体試
料では内因性ルビジウムの妨害を考慮し [2]，ウラン L_β 線での検出を行っ
ている [1, 3-5]。一方ウラン試料のマイクロ PIXE は量子科学技術研究開
発機構放射線医学総合研究所の PASTA&SPICE で行われている（図 17.2）
[6]。マイクロ PIXE が複雑な構造を有する生体組織中の元素分析に最も優
れている点は，入射ビームのエネルギーロスを可視化する（scanning
transmission ion spectroscopy, STIM）ことで元素マッピングと同時に組織像
に相当する画像を取得できることである [7]。またリン，カリウム，カル
シウム等の軽元素の検出に優れる [4, 8]。

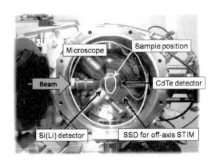

図 17.2　マイクロ PIXE 測定系［6 一部改変］

17.2　U の状態評価

　はじめに，腎臓横断面切片について皮質から髄質にかけての領域（図 17.3 イラストおよび左下）のウラン分布を SR-XRF により調べると（ビーム径，1μm × 1μm），下流部位近位尿細管が分布する皮質の内側から髄質の外側にかけての領域でウランが局在している様子がわかる（空間分解能 20μm）。各分析点 a, b, c, d のウラン濃度はそれぞれ 2919, 938, 1980, 2627μg/g であった。

　次いで四角で囲んだ領域をさらに高分解能でイメージングしたものが右上の図（空間分解能 2μm）である。それぞれ近位尿細管へのウラン分布の様子，尿細管上皮におけるウラン分布が見て取れる。右下の図は同じ領域をマイクロ PIXE によるリンとカリウムのイメージングである。ウランイメージングをもとに尿細管上のウラン濃集部 a - d の 4 点を抽出した。分析点 a は尿細管上のリンとカリウムが濃集する部位であり，分析点 b，c，d は a とは異なる同一尿細管上のそれぞれが数 μm 程度離れた部位である。薄切分析標準［9］を用いてウラン濃集部のウラン濃度を算出したところ，腎臓平均ウラン濃度（24.1μg/g）の 40 - 120 倍に相当する 1000 - 3000μg/g に達した。これらのウラン濃集部にマイクロビームを正確に照射し XAFS 分析を行った。図 17.4 に L_{III}-edge XANES スペクトルを示す。

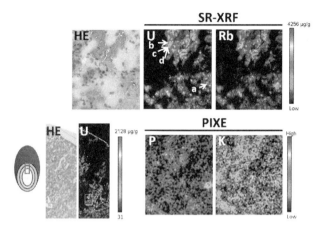

図 17.3　腎臓尿細管ウラン濃集部 [4 一部改変]
（口絵 4-1 参照）

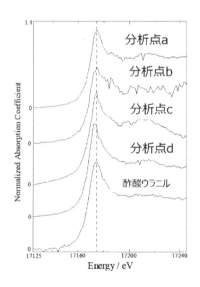

図 17.4　尿細管ウラン濃集部の化学状態 [4 一部改変]

　分析点 a，b，c は投与した酢酸ウラニルと類似した XANES スペクトルであったが，分析点 d はピークトップが低エネルギー側にシフトしスペクトル幅も狭くなり，ウラン還元型スペクトルに類似した波形を呈していた。これらのことから，ウラン濃集部の形成はその化学形や共存元素組成から単一機序では無いこと，高濃度にウランを含む領域でウラン自体の還元に伴う生体側の酸化ストレスを生じうることが示された。また，腎臓のバルク的な XAFS 測定では腎臓ウランの大部分は投与した酢酸ウラニルに類似と判断されたが［3］，このようにマイクロビームを用いることにより，組織の微細なウラン化学形変化を評価できるものと考えられた。

　そこで尿細管に蓄積したウランの化学形分布を明らかにするため，2 次元 XAFS［10］に取り組んでいる。尿細管上の $3\mu m \times 9\mu m$ というごく限られた領域ではあるが，ウラン化学形変化を分布として捉えることができた（図 17.5［5］）。今後は分析領域を広げ，ウラン化学形変化のケミカルイメージングと尿細管細胞内の細胞小器官の分布を対応させ，ウラン濃集機序の解明や除染剤評価の研究に役立てればと考えている。

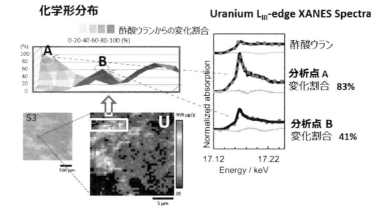

図 17.5　腎臓尿細管ウラン濃集部の二次元 XAFS 測定例［9 一部改変］
（口絵 4-2 参照）

［参考文献］

［1］ S. Homma-Takeda, Y. Terada, A. Nakata, S. K. Sahoo, S. Yoshida, S. Ueno, M. Inoue, H. Iso, T. Ishikawa, T. Konishi, H. Imaseki, Y. Shimada, Nucl. Instr. Meth. Phys. Res. B 2009, 267, 2167-2170,（2009）

［2］ S. Homma-Takeda, Y. Terada, H. Iso, T. Ishikawa, M. Oikawa, T. Konishi, H. Imaseki, Y. Shimada, Int. J. PIXE, 19, 39-45,（2009）

［3］ K. Kitahara, C. Numako, Y. Tearada, K. Nitta, Y. Shimada, S. Homma-Takeda, J. Synchrotron Radiat., 24, 456-462,（2017）

［4］ S. Homma-Takeda, C. Numako, K. Kitahara, T. Yoshida, M. Oikawa, Y. Terada, T. Kokubo, Y. Shimada, Int. J. Mol. Sci., 20. 4677-4687,（2019）

［5］ S. Homma-Takeda, A. Uehara, T. Yoshida, C. Numako, O. Sekizawa, K. Nitta, N. Sato, Radiat. Phys. Chem. 175, 108147,（2020）

［6］ S. Homma-Takeda, H. Iso, M. Ito, K. Suzuki, K. Harumoto, T. Yoshitomi, T. Ishikawa, M. Oikawa, N. Suya, T. Konishi, H. Imaseki, Int. J. PIXE 120, 21-28,（2010）

［7］ S. Homma-Takeda, Y. Nishimura, Y. Watanabe, M. Yukawa, Nucl. Instr. Meth. Phys. Res., B 260, 236-239,（2007）

［8］ S. Homma-Takeda, M. Inoue, S. Ueno, H. Iso, T. Ishikawa, Y. Nishimura, H. Imaseki, M. Yukawa, Y. Shimada, Int. J. PIXE 18, 53-59,（2008）

［9］ S. Homma-Takeda, Y. Nishimura, H. Iso, T. Ishikawa, H. Imaseki, M. Yukawa, J. Radioanal.

Nucl. Chem., 279, 627 -631, (2009)

[10] T. Tsuji, T. Uruga, K. Nitta, N. Kawamura, M. Mizumaki, M. Suzuki, O. Sekizawa,N. Ishiguro, M. Tada, H. Ohashi, H. Yamazaki, H. Yumoto, T. Koyama, Y. Senba, T. Takeuchi, Y. Terada, N. Nariyama, K. Takeshita, A. Fujiwara, S. Goto, M. Yamamoto, M. Takata, T. Ishikawa, J. Phys., 430, 012019, (2013) https://doi.org/10.1088/1742-6596/430/1/012019.

【著者略歴】

佐藤修彰：

　1982 年 3 月東北大学大学院工学研究科博士課程修了，工学博士，東北大学選鉱製錬研究所，素材工学研究所，多元物質科学研究所を経て，現在，東北大学大学院・工学研究科・量子エネルギー工学専攻兼原子炉廃止措置基盤研究センター客員教授。専門分野：原子力化学，核燃料工学，金属生産工学

桐島　陽：

　2004 年 3 月東北大学大学院工学研究科博士課程修了，博士（工学），日本原子力研究所を経て，現在，東北大学・多元物質科学研究所・金属資源プロセス研究センター・エネルギー資源プロセス研究分野教授，専門分野：放射性廃棄物の処理・処分，放射化学，アクチノイド溶液化学

渡邉雅之：

　1993 年 3 月名古屋大学大学院理学研究科博士前期課程修了，1994 年 4 月日本原子力研究所入所，1999 年 8 月〜 2000 年 8 月スタンフォード大学化学科客員研究員，2003 年 3 月東京大学大学院理学研究科博士課程修了博士（理学），を経て，現在，日本原子力研究開発機構・原子力科学研究所・基礎工学センターディビジョン長兼放射化学研究グループ・グループリーダー兼東北大学工学研究科量子エネルギー工学専攻連携准教授，専門分野：放射化学，アクチノイド無機化学

佐々木隆之：

　1997 年 3 月京都大学大学院理学研究科化学専攻博士後期課程研究指導認定退学，博士（理学），日本原子力研究所，京都大学原子炉実験所を経て，現在，京都大学大学院・工学研究科・原子核工学専攻教授，専門分野：バックエンド工学，放射化学，アクチノイド化学

上原章寛：

　2004 年 3 月京都工芸繊維大学大学院工芸科学研究科博士課程修了，博士（工学），京都大学原子炉実験所を経て，現在，量子科学技術研究開発機構・放射線医学総合研究所・放射線障害治療研究部・主任研究員，専門分野：電気分析化学，アクチノイド化学

武田志乃：

　1992 年 3 月筑波大学大学院医学研究科博士課程修了，博士（医学），環境庁国立環境研究所，筑波大学社会医学系を経て，現在，国立研究開発法人量子科学技術研究開発機構・放射線医学総合研究所・放射線障害治療研究部・体内除染グループ・グループリーダー，専門分野：環境毒性学

索　引

ウランの化学（II）
－方法と実践－

The Chemistry of Uranium（II）
Method and Practice

© Nobuaki Sato, Akira Kirishima, Masayuki Watanabe
Takayuki Sasaki, Akihiro Uehara, Shino Takeda 2021

2021 年 3 月 31 日　初版第 1 刷発行

著　者　佐藤修彰・桐島　陽・渡邉雅之
　　　　佐々木隆之・上原章寛・武田志乃
発行者　関内　隆
発行所　東北大学出版会
　　　　〒 980-8577　仙台市青葉区片平 2-1-1
　　　　Tel. 022-214-2777　Fax. 022-214-2778
　　　　https://www.tups.jp　E.mail info@tups.jp
印　刷　カガワ印刷株式会社
　　　　〒 980-0821　仙台市青葉区春日町 1-11
　　　　Tel. 022-262-5551

ISBN978-4-86163-356-0　C3058
定価はカバーに表示してあります。
乱丁、落丁はおとりかえします。